양육의 신

양육의 신

지은이   이정숙
펴낸이   최승구
펴낸곳   세종서적(주)

편집인   박숙정
편집장   강훈
책임편집   이진아
기획·편집   윤혜자 정은미
디자인   조정윤
마케팅   김용환 김형진 황선영
경영지원   홍성우

출판등록   1992년 3월 4일 제4-172호
주소   서울시 광진구 천호대로 132길 15 3층
전화 영업   (02)778-4179, **편집** (02)775-7011
팩스   (02)776-4013
홈페이지   www.sejongbooks.co.kr
블로그   sejongbook.blog.me
페이스북   www.facebook.com/sejongbooks
원고모집   sejong.edit@gmail.com

초판 1쇄 인쇄   2016년 5월 9일
　　 1쇄 발행   2016년 5월 16일

ISBN 978-89-8407-556-6 03590

이 도서의 국립중앙도서관 출판예정도서목록(CIP)은 서지정보유통지원시스템 홈페이지
(http://seoji.nl.go.kr)와 국가자료공동목록시스템(http://www.nl.go.kr/kolisnet)에서
이용하실 수 있습니다. (CIP제어번호: CIP2016011048)

아이의 인성과 성공을 이끈 육아 베테랑의 비밀

양육의 신

| 이정숙 지음 |

세종
서적

세상 모든 어머니의 꿈은 하나일 것이다. 다 큰 자식이 손자 손녀와 함께 자주 찾아와 따뜻하게 감싸 안으며 "다 어머니 덕분이에요, 고마워요" 하는 모습. 어머니는 보상도 감사도 없는 직업이라고 한다. 우리 어머니도 "엄마 자리 사표 내고 싶다"라는 말을 오늘날까지 입에 달고 사신다. 그러나 어머니는 그래도 부모로서의 삶은 역시 의미와 보람으로 꽃피는 느낌이 든다고 항상 말씀하신다.

형과 나는 어머니를 높이 평가한다. 어머니의 정신적, 물질적, 시간적 희생이 우리에게 꿈을 실현할 무대를 만들어주었기 때문이다. 일반인에게 여권이 막 발행되기 시작하던 1990년, 어머니는 적금을 털어 가족 유럽 여행을 감행하셨다. 그리고 여행을 다녀와 『너희들의 무대는 이곳이란다』라는 책을 펴내셨다. 이 책의 제목은 형과 나에게 넓은 세상에서 마음껏 꿈을 꾸며 살라는 메시지와도 같았다. 우리 형제는 자유를 만끽했고, 마침내 적성에 맞는, 행복하게 일할 수 있는 직업을 가지게 되었다.

하지만 우리 형제가 어머니를 존경하는 것은 이것 때문만이 아니다. 어머니가 방송사 아나운서와 유명 작가·강사라는 화려하고 멋진 여성으로 살았다는 점도 약간 관계있다. 우리는 항상 어머니가 아침에 슈트를 입고 가방을 들고 출근하는 모습을 보면서 정말 멋진 여성이라고 생각했다. 하지만 이것 역시 우리 형제가 어머니에게 느끼는 자긍심의 원천은 아니다.

우리 형제가 어머니를 사랑하고 가장 감사하는 일은 어머니가 우리 형제에게 주신 모자 관계 그 자체다. 아들과 며느리는 물론 아들의 여자 친구까지 함께 여행을 가고, 테이블에 둘러앉아 같이 음식을 먹으며 하하 호호 담소를 나눌 수 있는 것은 21세기에 보기 드문 광경이다. 한자리에 모인 사람 모두 예의나 가식에 얽매이지 않고 친한 친구처럼 말과 말이, 마음과 마음이, 눈빛과 눈빛이 서로 통한다.

자식이 공부를 많이 할수록 어머니의 좁은 세계관 때문에 답답해하는 이들이 많은데, 이런 일은 우리 가족과 거리가 멀다. 우리 어머니가 아들 또는 며느리와 나누는 대화는 예술에서 정치, 철학, 문학으로 자유자재로 넘나들며 함께하는 자리를 더욱 풍성하게 만든다. 어머니는 항상 자식의 관심사를 부지런히 공부하시기 때문이다. 과정의 가치를 결과로 판단할 수는 없지만, 이미 장성한 아들들과 함께 자리에 앉아 있는 우리 어머니는 아마도 진정으로 성공한 어머니일 것이다.

모든 한국 어머니들이 마찬가지겠지만, 여기까지 오는 길이 멀고 험난

했을 것이다. 일찍 외할머니를 여의고 집안 살림을 도맡아 했으며, 시집 살이의 압박과, 남녀차별이 심하던 시절 한국 직장에서 받았던 스트레스, 급속히 서구화되어가는 한국 사회에서 자식들이 겪은 극심한 정체성 혼란과 사라져가는 자신의 꿈 사이에서 갈등도 많으셨을 것이다. 특히 외할머니가 일찍 돌아가시고 자신만 멀뚱멀뚱 쳐다보는 동생들을 보면서 느낀 열여덟 살 소녀의 마음이 어땠을지 나는 헤아릴 수조차 없다. 그래서 어머니의 교육 회고록인 이 책을 쉽게 넘기지 못한다.

하지만 그 상황에서 동생들의 교육을 책임졌던 경험은 독특한 교육 철학으로 승화되었다. 그리고 커리어 우먼이라는 굴레는 오히려 당시 한국에서 검은 머리를 서서히 치켜들기 시작하던 독성 치맛바람과 주입식 사교육으로부터 방파제처럼 우리를 지키는 힘이 되었다. 어머니는 국내 최대 공영방송국에 다니면서 학벌 만능주의가 실제 사회생활에서는 허상일 뿐이라는 것을 일찍이 깨닫고, 자녀 교육 라디오 프로그램을 담당하며 심리학과 인지과학을 통한 선진 자녀교육 방법을 익히셨으며, '어머니'라는 모델이 없어 힘들어하기보다 방송을 진행하면서 얻은 지식과 자신만의 교육철학을 과감하게 실천하셨다.

많은 상처들을 오히려 긍정의 힘으로 승화시킨 어머니의 무한한 긍정 철학과 넘치는 에너지는 가끔씩 우리 가족을 시끌벅적하게 만들기도 했지만 물질적, 사회적 성공을 뛰어넘어 모자 관계의 근본적 이해를 꿈꾸는 모든 어머니에게 중요한 지표가 되기에 충분하다고 생각한다.

공부시키며 싸우고, 성공시키면서 사이가 나빠지는 모자 관계는 이제 그만 멈추어야 한다. 모자 관계는 모든 인간관계의 기본 모델이 되며, 어머니를 사랑하고 감사할 줄 아는 사람은 세상과 지식을 사랑할 줄 알아 모든 면에서 성공할 수 있다고 굳건히 믿기 때문이다.

자식들에게 "엄마 사랑해요"라는 말을 듣고 싶어 하는 모든 어머니들께 서슴없이 이 책을 추천한다.

조승연

"큰아들이 뉴욕 맨해튼에 집을 사서 이사했다고 초대했어요. 그래서 한 달 정도 뉴욕에 다녀왔지요."

"큰아들이 무슨 일 하는데요?"

"뉴욕에서 제일 큰 건축 회사에 다녀요. 건축사예요. 회사가 록펠러센터 안에 있어요."

최근 한 모임에서 지인들끼리 근황을 주고받으면서 나눈 이야기다. 누군가가 "작은아들도 TV에 나와 유명해지고…… 선생님은 밥 안 먹어도 배고프지 않으시겠어요"라고 말해 모두 유쾌하게 웃었다. 나는 "그래도 밥 안 먹으면 배고프던데요?"라고 받아 넘겼다.

최근 작은아들이 지상파 TV 인기 예능 프로그램에 출연해 잠시 화제의 중심에 섰다. 아마 자유롭게 살고도 잘 자랐다는 점에서 주목을 받은 것 같다. 어쨌든 그 일로 아들이 유명해져서 좋겠다는 인사를 많이 받았다. 그중에서도 요즘 인성교육이 중요하다고 강조하는데 두 아들의 인성

교육을 잘 시킨 것 같아 부럽다는 얘기가 많았다. 두 아들이 30대지만 여전히 엄마와 소통이 잘되고, 좋은 일 있으면 얼른 부모를 초대하고, 같이 여행까지 다니려는 걸 보니 그만하면 인성이 좋은 거라는 말로 받아들였다. 그렇다. 나는 두 아들의 학교 성적, 사회적 성공, 높은 인성, 이 세 마리 토끼를 모두 잡은 셈이다. 그러나 알고 보면 이것은 그리 어려운 것이 아니다. 통제하지 않고 대화를 잘하면 누구나 잡을 수 있다. 그 비결들을 함께 나누려고 한다.

부모의 자식 사랑은 본능이다. 식욕, 소유욕, 성욕과 같은 레벨의 원초적 본능이다. 그러나 다른 본능들은 인간다워지려면 자제해야 한다며 억제하는 훈련을 받는다. 그렇지만 부모의 사랑만은 오히려 권장한다. 그러다 보니 자식 사랑의 본능을 못 이겨 오히려 아이들을 망치기 쉽다. 나 역시 본능적인 자식 사랑을 억제할 능력이 없었다. 수많은 아픔과 경험 끝에 생겼을 뿐이다.

세상에는 절대 공짜가 없다. 나 역시 두 아들을 키우면서 많이 챙기고 간섭하며 사랑을 마음껏 퍼붓고 싶었다. 그러나 어린 시절의 아픈 경험 때문에 억제할 수 있었다. 그 모든 것을 털어놓으려면 우리 가족 누구도 입 밖에 내는 것이 금지된 아픈 가족사를 공개해야 한다. 여태까지는 그럴 생각이 조금도 없었다. 그러나 지난여름 뉴욕의 큰아들 집에서, 두 아들이 최근엔 엄마가 책을 안 쓰는 것 같다며 걱정했다. 대화 관련 책을 쓰는 사람이 많아져 흥미가 사라졌다고 말하자, 두 아들이 동시에 "그럼 자서전이라도 쓰세요. 엄마가 책 안 쓰고 실업자(?) 노릇 하는 게 우리에겐 익숙하지 않아요"라고 말했다. 두 아들은 자기 또래의 청년들도 부모와의 갈등과 불화로 참 많은 고통을 겪는다고 말했다. 결혼해서 아이를 둔 친구들을 보면 자식과 별것 아닌 일로 갈등한다, 그런 사람들에게 엄마의 조언이 필요할 것이다, 외삼촌들과 자기들을 양육한 모든 과정을 소개하는 책을 쓰면 많은 분에게 도움이 될 것이다, 라고 말했다. 귀국해서 주변 사람들에게 말하니, 공부 잘하는 아이로 키우려면 인성에 신경 쓸 시간이 없고 공부만 잘한다고 취업이 잘되는 것도 아니니 어떻게 키워야 할지 모르겠다, 그런 책이 있으면 많은 도움이 될 거다, 라며 격려하는 분이 많았다. 그런 말들이 그동안 많은 책을 써왔지만 밝히지 못한 아픈 가족사를 통해 얻은 귀중한 양육의 노하우들을 공개할 결심을 하는 데 많은 도움이 되었다.

우리 부모님은 아들 셋, 딸 둘을 두셨다. 그런데 첫째 남동생이 공부를 둘러싸고 아버지와 갈등을 빚다 이른 나이에 세상을 떠났다. 죽지 않았다면 평생 정신병원에서 살아야 했을지도 모른다. 그만큼 아버지와 갈등이 심했다. 남동생은 우리 집 장손이었다. 어릴 때부터 하나를 가르치면 열을 깨우친다며 가문을 빛낼 인물로 주목받았다. 그런 영특함이 아이에게 참혹한 고통을 안겨주리라곤 그 누구도 몰랐다. 그 당시 우리나라는 무척 가난했다. 배움만이 가난 탈출의 유일한 비상구로 여겨졌다. 그래서 공부깨나 한 부모치고 자식 공부에 목매지 않는 사람이 없었다. 우리 아버지도 마찬가지였다. 아버지는 영특하기로 소문난 어린 큰아들을 탁월한 영재로 키워 자기 대신 가문을 빛내게 하려는 욕심을 가지셨던 것 같다.

그 아이가 말을 다 배우기도 전에 천자문과 소학, 영어, 한문과 한글 등을 가르치셨다. 아이는 머리가 좋아 아버지가 가르치는 어려운 내용들을 쉽게 숙지했다. 거기까지는 좋았다. 그런데 아버지의 욕심이 한계를 넘어섰다. 아이가 잘 따라 하자 재미가 붙어 점차 아이가 감당하기 어려운 과제를 주며 아이를 공부 기계로 만들어갔다. 불행히도 그 아이는 태생적으로 산만하고 부산했다. 지금이라면 그런 아이에게 맞는 공부법이 얼마든지 있지만, 당시 아버지는 엉덩이 붙이고 앉아 공부하지 않으면 공부한 것이 아니라고 여겨 아이의 산만함을 용서하지 못했다. 아이는 아버지의 명령에 따라 장시간 진득하니 앉아 있는 것을 가장 괴로워했다. 아버지는 그런 아이의 태도를 머리는 좋은데 엉뚱한 꾀를 피우는 것으로 여겨 가혹한 체벌을 하셨다. 그런 일로 부자가 자주 부딪치자 집안 분위기는 점차 암울해져갔다.

남동생은 아버지의 강압적인 태도에 질려 초등학교 고학년 때부터 가출하기 시작했다. 그러면 아버지는 붙잡으러 다니셨다. 아버지는 잡아오고 동생은 다시 가출하는 숨바꼭질이 꼬리를 물었다. 당연히 집안 분위기는 더욱 참담해졌다. 그러나 나를 포함해 남은 네 형제는 아버지의 지나친 공부 강요가 자기에게 떨어지지 않는 것만을 다행으로 여겼다. 큰 남동생이 자주 사고를 치는 바람에 나머지 형제들은 아버지의 무서운 공부 감시를 어느 정도 피해갈 수 있었다. 그러나 전체적인 집안 분위기가 다른 집 아이들에 비해 공부 부담이 클 수밖에 없었다. 그런 분위기 덕분인지 남은 두 남동생은 무난히 명문대에 들어갔고, 대학 졸업 전과 직후에 모두 사법고시에 패스했다. 여동생은 20대에 명문대학에서 박사학위를 받고 대학의 전임교수가 되었다. 남들은 그런 결과에 대해 부러워하고 입을 모아 극찬을 보냈다. 희생당한 큰 남동생의 존재를 몰랐으니 부럽기만 했을 것이다. 그러나 정작 우리 형제들은 단 한 명도 그런 결과가 아버지 덕분이라며 고마워하지 않았다.

아버지의 독선으로 집안 분위기가 우울한 탓인지, 본래부터 병약하던 어머니가 마흔네 살을 일기로 세상을 떠나셨다. 나는 너무나 자연스럽게 어머니의 뒤를 이어 아버지 방식대로 동생들을 다그쳤다. 나 역시 다 자란 동생들의 환영을 받지 못했다. 불행히도 자식을 위해 많은 고생을 했지만 어린 장남을 잃었고, 남은 자식들마저 기피해 아버지는 누구보다 외로운 말년을 보내셨다. 그 외로움이 얼마나 컸던지 돌아가시기 얼마 전에 긴 한숨을 내쉬며 "고향 사람 아무개 자식들은 공부 못해서 중학교만 겨우 졸업했는데 날씨가 조금만 추워도 아버지 감기 걸릴까봐 걱정이라며 따뜻한 옷이다 담요다 사 들고 온다더라. 전심전력으로 자식 공부 많이 시킨 부모는 바보다"라는 후회 어린 푸념을 하셨다. 그런 푸념마저 우리 형제들의 마음을 누그러뜨리지 못했다. 입을 모아 "아버지는 언제 우리에게 따뜻한 말 한마디 해주셨어요? 우리를 공부하는 기계 취급하셨잖아요"라고 투덜거렸다. 그러나 나 자신이 그런 투덜거림의 대상이 될 줄은 미처 몰랐다. 그 모든 과정을 거치고 나서야 본능인 부모의 사랑을 절제하는 능력이 생겼다.

나는 1990년대 중반 미국에서 공부한 대화법을 국내에 들여와 관련 책을 쓰고 강의하며 전국을 돌아다니면서 수많은 부모에게 육아에 관한 고민을 들었다. 그런데 놀랍게도 젊은 시절 우리 아버지와 비슷한 생각을 품고 사는 부모가 많았다. 학교 성적이 사회적인 성공을 보장하지 않는 시대가 되었는데도 자식의 성적 향상과 좋은 학교 입학에 목을 매는 부모가 많다는 점이 가슴 아팠다. 부모의 그런 기대가 대부분 헛수고로 끝나거나 오히려 아픈 후유증을 남긴다는 것을 뼈저리게 경험한 나로서는 '저들을 말려야 하는데'라는 안타까움을 떨칠 수가 없었다. 그러나 나서서 말릴 용기가 나지 않았다. 그런 경험을 책으로 쓰라는 두 아들의 충고가 없었다면 영원히 용기를 내지 못했을 것이다.

사람이 죽을 만큼 아픈 충격 없이 본능을 억제하는 자제력을 얻을 수 있다면 얼마나 좋을까? 그러나 죽을 만큼 강력한 충격만이 그런 자제력을 만들어준다. 다행인 것은 사람은 책으로 간접 경험을 해도 직접 경험

버금가는 교훈과 지혜를 얻을 수 있다는 것이다. 첫째 남동생이 어린 나이에 스스로 생을 마감했고, 어머니도 일찍 세상을 떠나면서, 가정이 붕괴 직전까지 갔던 비극적인 가족사를 공개하기가 쉽지 않았다. 그렇지만 "우리 할아버지 못지않게 자식의 공부 문제로 고민하는 이 땅의 많은 부모에게 조금이나마 도움이 된다면 세상을 떠난 외삼촌과 할아버지에게도 보람이 될 것이다"라는 두 아들의 충고가 책을 쓰는 동안 고맙게 다가왔다. 나의 이런 아픈 경험들이 이 책을 읽는 많은 부모님의 간접 경험이 되어 자녀를 편안하게 잘 키우고 공부, 성공, 인성 모두 잡는 노하우가 되기를 희망한다.

차례

세상 모든 어머니의 꿈 · 4
머리말 · 8

1장

아픔 없이 깨달을 수 있으면 얼마나 좋을까?

1 한 아이가 집안에 폭풍을 몰고 오다 · 20

2 전통은 싫어도 전수된다 · 30

3 나쁜 전통 버리기는 내 살 베기보다 고통스럽다 · 38

2장

직장생활과 양육 사이에서 직장생활을 선택하다

1 군대 밥이 엄마 밥보다 맛있었어요 · 50

2 '계모인가요?'와 '아줌마가 그렇지 뭐' 사이 · 61

3 그럼 우리 애들이 잠재적 비행 청소년인가? · 70

4 혼자 일어설 때까지 기다려주세요 · 80

5 제가 할게요 · 89

3장

부모가 자식에 대해 모두 알 수는 없다

1 내 자식이 설마 학원 폭력 피해자? · 102

2 우리 애가 그럴 리가요? · 112

3 그건 내 사생활이잖아요 · 121

4 언제 물어보셨어요? · 130

5 대화법을 바꾸니 아이들이 변하던데요? · 140

4장

완벽한 부모 노릇이 자녀를 무능하게 만든다

1 제발 나 좀 내버려두세요 · 152

2 내 건 내가 고를래요 · 162

3 엄마한테 왜 돈이 없어요? · 172

4 베푼 사람과 받은 사람의 생각은 다르다 · 185

5장

당근과 채찍의 황금률

1 야단만 치니 도망가고 싶어요 · 198

2 그때 왜 혼내지 않았어요? · 206

3 도대체 내가 뭘 잘못해서 야단맞는지 모르겠어요 · 217

6장

자식의 공부, 인성, 성공을 모두 잡는 10가지 대화법

1 지시 대신 질문하기 · 228

2 평가하지 않고 들어주기 · 244

3 원칙과 기준을 정해 엄격하게 지키기 · 249

4 꾸짖을 때는 간단히, 칭찬할 때는 충분히 · 254

5 자식의 성장 문화를 공부하기 · 259

6 언행일치로 말의 무게감 유지하기 · 273

7 두루뭉술한 화법을 콕 집는 명확한 화법으로 바꾸기 · 277

8 진로를 찾는 데 도움이 되는 대화법 · 281

9 인성교육을 위해 존댓말 사용하기 · 286

10 참지 말고 정중하게 말하기 · 293

맺음말 · 298

1장

아픔 없이
깨달을 수 있으면
얼마나 좋을까?

아기가 넘어지면 일으켜주지 마세요. 아기도 혼자 일어날 줄 알아요. 스스로 일어나도록 기다려줘야 혼자 일어서는 법을 배울 수 있습니다. 세상살이의 아픔과 고통을 부모가 대신해줄 수는 없어요. 스스로 견뎌야 쉽게 아물죠. 견디는 힘이 아픔을 극복하고 예방하는 능력도 키워줍니다.

01

한 아이가 집안에
폭풍을 몰고 오다

"그러다 애 잡겠어요. 어떻게 그 어린것한테 그토록 오랫동안 꼼짝 않고 앉아 있으라고 해요. 애를 의자에 묶지 말고 그냥 놔줘요, 제발."

어머니는 워낙 잔병치레가 많으셨다. 외할머니는 어릴 때부터 유난히 병약한 딸이었다며 우리 앞에서 자주 한숨을 쉬셨다. 타고난 허약 체질 탓인지 어머니는 늘 그림자처럼 조용하셨다. 5남매나 되는 자식이 소란을 피워도 큰 소리로 야단치신 적이 드물었다. 반면에 아버지의 목소리는 항상 크고 무서웠다. 자식들의 잘못을 매의 눈으로 잡아내 지적하고 야단치셨다. 그래서 아버지가 외출하지 않고 집에 머무는 날이면 집 안에서 아이들의 킬킬거리는 소리는 물론 발걸음 소리조차 들리지 않았다. 모두 고양이 걸음으로 조심스럽게 움직였다. 그런데 이날, 아버지가 어린 장남을 가혹하게 체벌하자 어머니가 처음으로 목소리를 내셨다. 그것도 아주 크게. 우리 형제들은 그날에야 어머니가 아버지 못지않은 큰 목소리를 가졌다는 것을 알게 되었다.

그날따라 아버지는 장남이 엉덩이 붙이고 앉아 공부하지 않는 버르장머리를 뿌리 뽑겠다며 자신의 가죽 허리띠를 여러 개 연결해 아이를 의자에 꽁꽁 묶어놓으셨다. 우리들은 그런 아버지가 무서워서 최대한 몸을 낮추고 그림자처럼 조용히 움직였다. 그런데 어머니가 갑자기 우렁찬 목소리로 항의하신 것이다. 그동안 장남이 아버지에게 수차례 체벌을 받아도 어머니는 통 나서지 않으셨다. 안방 문을 굳게 닫고 투명인간처럼 기척조차 내지 않으셨다.

물론 그 당시 사회 분위기는 안주인을 비롯한 가족들이 종갓집 가장의 권위에 반기를 들 수 없었다. 아버지는 자기 자신보다 가문의 명예를 더 중요시하셨다. 우리 집은 전통 한옥이어서 안채와 사랑채와 바깥채가 있고, 바깥채에는 집안일을 돌보는 사람들이, 사랑채에는 가난한 친인척들이 드나들며 기거했다. 그런 규모의 종갓집 가장은 대체로 무소불위의 권한을 누렸다. 어머니와 우리 형제들은 아버지의 결정에 감히 감 놔라 배 놔라 할 입장이 못 되었다. 그런데 이날 처음으로 어머니가 반기를 드신 셈이었다. 위로 네 아이를 두고 다섯째인 막내를 임신 중이던 어머니는 오랫동안 억제했던 분노가 임계점에 도달한 듯 무섭게 소리치셨다. 큰 소리가 터지자 내친김에 그동안 쌓였던 것을 모두 말하겠다는 듯 벼락 같은 목소리로 "일본 유학 가서 흉악한 폭력질만 배워온 모양이구려? 어린아이가 그만하면 오래 앉아 있었지, 뭘 더 바란단 말이오. 다른 건 몰라도 그 애 좀 그만 괴롭혀요"라며 아버지를 대놓고 비난하셨다. 어머니의 용감한 포효는 담을 넘을 지경이었다. 체면을 중요시하는 아버지로서는 어머니의 목소리가 사랑채나 바깥채로 넘어가 온 집안의 웃음거리가 될까봐 염려되셨을 것이다. 아버지는 "에이, 어미가 저렇게 물러터지니 사내자식이 그 모양이지. 사내아이를 강하게 키워야 가문을 제대로 이을 수 있는데 말이야"라고 낮게 불평하며 방문을 박차고 나가셨다.

어머니는 아버지가 나가기를 기다렸다는 듯 장남에게 달려가 의자에 붙들어 맨 가죽 끈을 힘겹게 풀며 "너희는 뭐 해? 냉큼 달려와서 거들지 않고?"라며 우리를 향해 눈에 불을 켜고 외치셨다. 초등학생이던 나와 여동생, 겨우 네 살 난 둘째 남동생은 무서워서 서로의 허리를 부둥켜안고 부들부들 떨다가 어머니의 불호령에 정신이 번쩍 들어 총알처럼 달려가 의자에 묶인 장남을 급히 구출했다.

그때 겨우 초등학생이었던 남동생은 의자에 묶인 가죽 끈을 풀자마자 바람처럼 집을 뛰쳐나갔다. 늦은 밤까지 돌아오지 않아 온 가족이 찾아 나섰지만 결국 찾지 못해 모두가 거의 뜬눈으로 밤을 새웠다. 다행히 동생은 다음 날 아침, 몹시 굶주린 모습으로 나타났다. 당시에는 거리에 불량배들이 넘쳐났다. 그들 중 몇 명이 동생에게 밥을 준다며 따라오라고 했지만 그들에게 밥을 얻어먹으면 다시는 집에 돌아가지 못할 것 같아 도 망쳐서 숨어 있다가 배가 너무 고파 돌아왔다고 했다. 어머니는 어린 나 이에 그토록 총명한 판단을 내릴 줄 아는 아들을 남편은 왜 그리 괴롭히 는지 모르겠다고 중얼거리며 아이를 부엌으로 불러 밥을 먹도록 하셨다. 동생이 밥 먹는 동안 아버지의 눈에 띄어 더 가혹한 체벌을 받을까봐 전 전긍긍하셨던 어머니의 모습이 아직도 생생하다.

다행히 아버지는 동생의 가출 건에 대해 더 이상 거론하지 않고 아무 일 없었다는 듯 평소와 다름없이 동생에게 책 펴고 책상 앞에 앉으라고 지시를 내리셨다. 그리고 공부를 둘러싼 싸움이 다시 시작되었다. 그런 데 동생은 그 사건 이후 아버지가 아무리 심하게 야단쳐도 절대로 잘못했 다는 말을 하지 않았다. 이전까지는 어머니가 매를 덜 맞으려면 아버지 에게 무조건 잘못했다고 빌라고 일러 어느 정도 매를 면하곤 했다. 그러 나 태도를 바꾸어 동생이 아버지에게 절대 잘못을 인정하지 않자 아버지 의 분노는 더욱 커졌고, 두 남자의 기 싸움은 갈수록 수위가 높아졌다. 자 식 이기는 부모 없다는 말이 있듯, 장남이 버티자 아버지의 장남 영재 만 들기 프로젝트는 수렁으로 빠져들었지만, 아버지는 자존심 무너지는 것 이 겁나신 듯 반드시 아이의 고집을 꺾고야 말겠다는 자세를 더욱 공고 히 하셨다. 매일 체벌과 고함, 그리고 숨죽이는 고요가 되풀이되면서 집 안은 더욱 암울한 그림자로 뒤덮였다. 그리고 마침내 그 아들이 가출하고 어머니도 세상을 떠나는 불운으로 가문은 내리막길로 들어섰다. 부자 간의 싸움이 지독해지고 어머니의 병세가 악화되던 때, 나는 마음속으로 둘 중 한 명이 죽는 게 낫겠다는 불경한 생각을 품곤 했다.

아버지와 남동생은 놀라울 만큼 기질이 닮았다. 자신이 세운 목표를 타의에 의해선 절대 수정하지 않는다는 점에서 남동생은 아버지의 아바타 같았다. 그러다보니 두 사람의 팽팽한 기 싸움은 조금도 누그러뜨릴 수 없었다. 아버지는 조상에게 많은 땅과 자산을 물려받았다. 부모의 지원으로 중학교 때 일본으로 조기 유학을 떠났고, 돌아와서 법대를 졸업하고 고시 공부를 했다. 그러나 부잣집 아들의 의지 부족 탓인지 여러 차례 불합격의 고배를 맛보았다. 공부만 할 줄 아는 사람이 공부로 승부를 보지 못하자 사회적으로 너무 무능했다. 집안일은 물론 농사일을 전혀 할 줄 몰랐다. 당시로서는 배운 사람이 적어 그 학력으로 취직하기도 어렵지 않았겠지만, 매일 출근하는 직업은 생각도 안 하셨다. 정계 진출을 원했지만 할아버지께서 살아 계시는 동안엔 절대불가를 외쳐 소설 쓰며 한량으로 살겠다고 선언하셨다. 할아버지는 그런 아버지를 걱정하다가 어느 날 갑자기 지병이 도져 돌아가셨다.

할아버지로부터 제법 큰 규모의 종가 가장 자리를 물려받은 아버지가 할아버지에 비해 한참 무능하다는 것을 눈치챈 바깥채 일꾼들이 하나둘 다른 집으로 가겠다고 했다. 어머니는 농사를 지을 수 없는 땅들을 팔아 가계를 꾸릴 수밖에 없었다. 땅이 아무리 많아도 일정한 수입 없이 팔아서 쓰다보니 급속히 줄어들었다. 일꾼들도 하나둘 나가고 땅도 줄자 가세가 눈에 띄게 기울었다.

이로써 나는 부모의 집념, 아이의 타고난 머리가 합쳐진다고 하더라도 자식을 부모가 원하는 방식의 영재로 만들 수는 없다는 점을 뼈저리게 깨달았다. 내가 부모가 되고 우리 아이들이 사춘기를 지나 청년이 되어가는 동안 대화 관련 책을 쓰고 전국으로 강연을 다니면서, 남동생처럼 고집이 세지 않고 성격이 순한 아이들은 부모의 강압에 소극적인 방식으로 저항하거나 참고 견디며 공부만 하다가 성인이 된 뒤 행복하지 않거나 인성이 제대로 갖춰지지 않아 타인의 골칫거리가 되기 쉽다는 점을 발견했다.

최근 한 모임에서 갓 서른 살이 된 여자 변호사가 우연히 내 옆자리에 앉았다. 그녀는 이런저런 이야기 끝에 이런 고백을 했다.

"저는 부모님 말씀을 너무 잘 듣다가 망한 것 같아요. 우리 부모님은 공부 열심히 해서 좋은 대학만 들어가면 미래가 만사형통일 거라고 하셨거든요. 저는 그야말로 좋다는 학원을 전전하며 공부만 했어요. 다른 애들이 놀러 가자, 영화 보러 가자, 쇼핑하러 가자고 유혹해도 절대 흔들리지 않고 공부만 했어요. 그 덕분에 서울 법대에 단번에 합격했지요. 대학만 들어가면 청춘답게 보낼 줄 알았는데, 대학에 들어가니 로스쿨 제도가 생기더라고요. 대학 재학 중에도 고등학교 3학년 때처럼 공부만 해야 모교의 로스쿨에 들어갈 수 있는 현실에 부딪혔죠. 그래도 로스쿨만 나오면 이 지긋지긋한 수험생 생활이 끝나겠지 기대하면서 대학 4년 내내 다시 고등학교 3학년 모드로 돌아가 공부만 했어요. 그렇게 해서 모교 로스쿨을 나왔고, 유명 변호사 사무실에 들어갔어요. 그런데 취업하고 보니 변호사 자격증을 가진 사람들이 넘쳐나 로펌의 봉급이 일반 대졸 임금 수준이었고, 걸핏하면 밤 12시 넘도록 수당 없이 일해야 해요. 수요와 공급이 깨져 더 이상 변호사는 선망의 직업이 아닌 거죠.

올해 서른 살이 되었는데 갑자기 내가 왜 이러고 살지 하는 생각이 들면서 겁나는 거예요. 평생 고등학교 3학년 모드에서 벗어날 수 없을 것 같은 두려움도 크고요. 우리 또래 젊은이들은 부모님이 공부, 공부 외쳐서 공부 잘한 애들이 너무 많아요. 그래서 변호사도 너무 많고요. 그들하고 경쟁해서 제가 정말 유명 변호사가 될 수 있을지 미지수예요. 우리 로펌만 해도 외국어 서너 개씩 유창하게 하는 날고 기는 선후배가 많아서 그들을 제치고 진급하기는 거의 불가능해요. 저는 원래 서른 살 되기 전에 결혼해서 아기 둘 낳아 잘 키우며 평범하지만 재미있게 사는 게 꿈이었어요. 그런데 요즘에는 결혼이나 제대로 할 수 있을지 모르겠다는 생각이 들어요. 도대체 남자 만날 시간이 있어야지요. 만난다고 해도 데이트할 시간이 없을 거예요. 그렇다고 어린 시절 내내 공부만 하면 만사형통이라면서 몰아붙인 부모님께 지나간 제 인생을 물어내라고 할 수도 없잖아요."

그녀는 자기 고백에 분위기가 무거워진 것 같았던지 이런 농담으로 마무리했다. 그러나 얼굴에 드리워진 어두운 그림자는 여전했다.

그녀의 청춘은 어두운 골방에서 책과 씨름하며 덧없이 지나갔고, 자기 의지보다 부모님의 희망에 따라 선택한 직업이 그다지 즐겁지 않은 모양이었다. 그녀는 이야기 말미에 긴 한숨을 쉬며 "왜 이렇게 살게 되었나 싶어요"라고 흘리듯 말했다. 과연 그녀의 부모님도 딸의 이런 고민과 마음을 알까 싶어 슬쩍 물었더니, 그녀는 강하게 손사래를 치며 부모님은 자신의 고민을 짐작조차 못하실 거라고 대답했다.

아버지가 어린 아들을 자기 기대에 맞는 인물로 키우려고 강요하다가 가정 전체를 음울하게 만들었던 시절의 기억과, 부모님 말씀에 순종했지만 정작 자기 인생에 자신 없어 하는 그녀의 태도가 오버랩되면서 문득 부모가 정말로 자식의 앞날만을 위해 공부를 강요하는가 하는 의문이 들었다.

서울 강남에 사는 나는 학부모들이 많이 모이는 카페에 갈 일이 많다. 그런 곳에서는 일부러 들으려고 하지 않아도 여기저기 모인 젊은 엄마들의 이야기를 들을 수 있다. 가장 많이 들리는 단어는 정리 노트와 오답 노트, 유명 학원 이름, 시험 범위 같은 것들이다. 그런 이야기들이 들려올 때마다 아버지와 남동생의 질풍노도와 같던 갈등을 경험하지 못했다면 나 역시 저들과 마찬가지로 자식들 시험 범위까지 챙겨야 제대로 된 엄마라고 믿으며 살았을 것이라는 생각을 하곤 한다.

매번 아픈 경험의 대가로 부모의 자식 사랑과 욕심의 경계는 정말로 모호하며 그것을 구분해야만 자식을 정말로 잘 키울 수 있다는 확고한 신념을 갖게 된 데 대해 새삼 감사드린다. 나는 만약 부모가 자신의 못 다 이룬 꿈을 자식이 대신 이뤄주기를 바라며 자식의 특성을 무시하고 무조건 강요한다면 자식을 사랑하는 부모라고 말할 자격이 없다고 본다. 자식을 자기 꿈을 완성해줄 도구로 여긴다면 결국 자식을 희생물로 만드는 것 아닐까?

지금 되돌아보면 아버지가 장남 영재 만들기 프로젝트에 집착한 것은 자식 사랑과 거리가 멀었던 것 같다. 아마 아버지가 지금까지 살아 계셨다면, 나는 대놓고 그런 돌직구를 여러 차례 던졌을 것이다. 아버지는 중학교 입학 나이에 마침 누나가 일본의 부유한 교포와 결혼하는 바람에 일본으로 조기 유학을 떠나셨다. 당시로서는 주변 사람들이 부러워할 만한 입장이었다. 그러나 귀국 후 할아버지가 물려준 재산도 지키지 못하고 할아버지가 원하던 사법고시에도 3차에서 두 번이나 낙방하셨다. 당시의 상식으로는 가문에 전혀 보탬이 되지 않았다. 그런 자격지심 때문에 자신의 장남을 영재로 키워 자기 몫까지 해주길 바라는 욕심에 눈이 멀었던 것은 아닐까 싶다.

영특한 아들이 진득하게 앉아 공부할 체질이 아니어서 크게 실망했을 것이다. 그러나 아버지가 장남에 대한 욕심을 버렸다면 오히려 그 아이는 한 분야에서 독보적인 성과를 이룬 큰 인물로 자랐을지도 모른다. 그리고 우리 5남매도 평탄하게 잘 살 수 있었을 것이다.

결국 아버지는 자식의 인생보다 가문에 대한 책임을 더 중요하게 여겨 자식을 숨 막히게 했고, 결국 아이를 잃고 안주인도 잃으면서 가문을 몰락시키고 말았다. 물론 돌아가시기 전에 남은 두 아들이 사법고시에 패스하고 장례식 때는 사법연수원생이나 법관들이 관을 운반했으니 목적을 어느 정도는 이룬 셈이라고 생각하셨을 수도 있다. 그러나 그것이 무슨 소용인가? 자식들은 아버지를 존경할 수 없고, 그래서 너무나 외로운 말년을 보내다 세상을 떠나셨으니 말이다.

전통은 싫어도
전수된다

"엄마가 우리를 너무 고지식하게 키워서 애들이 재미없다고 안 놀아줘요. 요새는 재미없으면 공부 잘해도 친구들에게 인기가 없어요. 우리가 너무 재미없는 사람이라서 왕따당했는지도 몰라요."

어느 날 두 아들이 농담처럼 이런 푸념을 털어놓았다. 순전한 농담이라고 해도 나는 뜨끔했다. 내가 우리 부모에게 하고 싶었던 원망과 똑같아서였다. 놀기 좋아하는 사람들이 많은 방송국에 다니며, 어릴 때 노는 법을 배우지 못해 힘들었던 기억이 자주 나를 괴롭혔다. 우리 집에서는 형제들 모두 자라면서 공부 이외의 것에는 관심을 가질 수가 없었다. 아버지의 공부 제일주의 사고방식이 우리의 골수에까지 박혔던 것이다. 그러다보니 평생 공부로 모든 것을 해결하려는 태도를 갖게 되었다. 심지어 TV 오락 프로그램까지 재미없게 분석했다. 그런 나의 태도가 두 아들에게도 전수되었던 것 같다. 전통은 태도를 통해 전달된다는 것이 맞는 듯하다.

우리 학창 시절에는 공부만 잘하면 인기가 있었다. 잘 노는 아이들은 문제아 취급을 했다. 그런데 지금 30대인 우리 아들 세대에는 공부 잘해도 놀 줄 모르면 인기가 없다고 한다. 그러니 20대나 10대는 오죽하겠는가? 사회생활에서 인기는 매우 중요하다. 인기가 있어야 사교생활이 원활하다. 리더의 자격도 생긴다. 학교생활뿐만 아니라 직장생활에서도 유리하다. 회식 자리에서 두각을 나타내고 좌중을 재미있게 해주면 상급자 눈에 쉽게 띌 것이다. 일 잘하는 사람보다 잘 노는 사람이 더 좋은 기회를 잡을 가능성이 높은 셈이다. 그래서 인기와 자신감은 비례한다. 최근 유명 연예인들의 인기 정도를 보면 공부 잘하는 사람보다 잘 노는 사람들이 얼마나 인기 많은지 쉽게 알 수 있다. 공부 잘하는 사람들의 특징은 원리원칙을 중요시한다. 그러나 잘 놀 줄 아는 사람들은 원리원칙보다 융통성을 중요시한다. 원리원칙이 보편화되어 융통성이 더 중요시되면서 공부 잘하는 사람보다 놀기 좋아하는 사람이 더 인기 있는 사회가 된 것이다.

이처럼 시대에 따라 각광받는 인재상이 달라진다. 그러나 부모가 되면 자기도 모르게 전통적인 방식으로 돌아가 자식의 공부에 모든 것을 바치려고 한다. 전통이란 바로 그런 것이다. 자기가 의도하지 않아도 저절로 행동하게 하는 것. 게다가 우리나라는 불과 몇십 년 전만 해도 가정형편이 어려워서 공부를 못한 분들이 많았다. 그러나 자식만큼은 못 배운 한을 갖지 않도록 키우고 싶어 한다.

우리나라에서 부모가 자식의 공부에 올인하는 전통은 오래되었다. 고려시대부터 공부 많이 해서 과거에 급제하면 망해가던 가문을 일으키고 가문 전체를 구할 수 있었다. 그렇다보니 시대가 달라져도 자식의 공부를 위해 자신의 인생을 기꺼이 희생하는 것을 부모의 미덕으로 여기는 것은 당연한 일인지도 모른다. 그러나 그런 미덕이 여전히 가치를 발휘하면 좋겠지만, 그렇지 못하게 되었으니 안타까울 수밖에…….

우리 아버지는 누나 많은 집의 귀한 아들이었다. 넉넉한 환경에서 과보호를 받으며 성장했다. 과보호는 자식의 인생을 망친다는 사실을 아버지는 자식들에게 몸으로 증명해 보였다. 자식을 다섯이나 두고도 성숙하지 못해 어린 장남과 공부 문제로 조금의 양보도 없이 대립했으니 말이다. 가족을 책임져야 할 가장이면서, 배운 것을 경제생활로 연결할 생각을 하지 않은 것 역시 과보호의 부작용이라고 생각한다. 아버지는 부모로부터 많은 재산을 물려받아 경제활동 없이도 가족의 생계 걱정을 하지 않아도 되었다.

아버지 바로 위 누나인 막내고모가 부잣집으로 시집갔으나 일찍 남편을 여의고 오갈 데 없자 친정으로 불러들였다. 당시 고모는 슬하에 일곱 남매를 두었는데, 할아버지는 그 일이 일어나기 얼마 전에 돌아가시고, 할머니는 치매에 걸려 안채 깊숙한 곳에서 여러 사람의 간호를 받으며 지내고 계셨다. 아버지는 고모네 일가를 군말 없이 사랑채에 들였다. 그러나 고모네 가족들은 할머니가 계시는 안채를 수시로 드나들었다. 고모는 점차 올케인 우리 어머니에게 시집살이까지 시켰다. 사촌들도 걸핏하면 외할머니 보러 간다며 안채로 드나들어 우리 일에 간섭했다. 고모네가 우리 집으로 들어왔을 때도 아버지의 장남 영재 만들기 프로젝트가 진행 중이어서 집안에는 긴장감이 팽배해 있었다.

당시 우리 집엔 나와 여동생, 장남 이렇게 3남매가 있었지만 고모네 일곱 아이가 더해져 시끌벅적했다. 병약한 어머니는 시끄러운 환경을 질색하셨다. 아버지가 어린 장남과 벌이는 기 싸움이 고모네 가족들에게 알려져 시끄러운 일이 확대되는 것을 두려워하셨다. 그런 사정을 모르는 사촌들은 아버지 살아생전에는 떵떵거리며 잘살다가 갑자기 아버지를 여의고 외갓집에 얹혀살게 된 자신들의 처지를 비관하며 "너희는 복 받았다. 아버지가 많이 배운 분이라 공부를 실컷 할 수 있으니"라는 말을 듣기 싫을 정도로 반복했다. 어머니는 우리들에게 사촌들의 말이 듣기 싫어도 절대 말대꾸해서 싸움으로 번지게 하지 말라고 엄명을 내리셨다. 그러잖아도 아버지와 장남의 기 싸움으로 집안이 뒤숭숭하니 고모네까지 불화에 끼어들게 하지 말라는 것이었다.

아마도 내가 싸움닭으로 변한 것은 고모가 가족을 이끌고 우리 집으로 들어와 어머니에게 시집살이를 시키면서부터인 것 같다. 나는 고모에게 어머니를 괴롭히려면 아이들 데리고 나가라는 말까지 할 정도로 독해졌다. 사촌들이 자기들은 공부할 형편이 안 된다고 무시하느냐며 비아냥대면, 돈만 있다고 공부를 잘할 수 있는 것은 아니라며 쌀쌀맞게 대꾸했다. 그때 처음으로 아버지에게 "왜 출가외인까지 집에 들여 집안에 분란을 키우느냐"며 따졌다. 아버지는 내 태도에 너무 놀라 계집애가 버릇없다며 무섭게 야단을 치셨다. 그러나 곧 9년간 치매를 앓던 할머니가 돌아가시자 고모네도 독립해 나갔다. 마치 기다렸다는 듯 가세가 걷잡을 수 없이 기울어, 우리는 더 작은 집으로 여러 차례 이사를 해야 했다. 아버지의 기개도 날개 꺾인 새처럼 나날이 힘을 잃었다. 그러나 반대로 기세는 더욱 높아졌다.

어머니의 장례식을 치를 때는 정말로 좁은 집에서 살았다. 막내는 겨우 네 살, 12월에 태어나 만 세 살도 안 되었다. 집은 좁았지만 어머니가 젊은 나이에 세상을 떠나 이전 우리 가문에 기대어 살던 사람들이 제법 많이 조문을 왔다. 1970년대 보통 한국 집안이 거의 다 그랬듯 전통적인 방식으로 장례를 치렀다. 매 시간 어머니 관을 모신 방에 들어가 제상 앞에서 슬프게 곡을 했다.

장남과의 싸움에 지친 아버지는 어린 막냇동생을 자유롭게 키웠다. 그랬더니 막내는 골목대장이 되었다. 서너 살이나 많은 형들과 딱지치기를 해서 몽땅 따오곤 했다. 어머니 장례식 때는 마침 겨울이어서 방학을 맞은 동네 남자아이들이 모여 딱지치기를 했다. 막내는 상복을 걷어붙이고 거기에 끼여 열심히 딱지치기를 했다. 집안 어른들이 엄마 하늘나라로 잘 가시게 하려면 곡을 해야 한다며 데려오려고 하자 버럭 화를 내며 "지금 따는 중인데 왜 방해하는 거예요? 못 가요"라고 우겨 조문객들이 눈시울을 붉혔다.

당시 장남은 가출했다가 어머니가 돌아가셨다는 소식을 듣고 슬그머니 집으로 돌아와 있었다. 동생의 얼굴이 몹시 창백했지만 누구도 관심을 두지 않았다. 어머니 바로 아래 외삼촌이 동생의 안색에서 이상 징후를 발견하고는 늦은 밤에 급히 동창생이 운영하는 병원으로 데려갔다. 의사는 맹장이 터져 복막염이 심해졌다면서 조금만 늦었어도 큰일 날 뻔했다며 외삼촌에게 화를 냈다고 한다. 외삼촌의 설명을 들은 아버지는 "그 자식 죽게 놔두지 그랬어. 그렇게 살면 뭐해, 차라리 병으로 죽는 게 낫지"라는 독한 말을 내뱉었다. 외할머니는 장녀인 나를 돌아보시고는 "너희 아버지가 마음이 약해서 독하게 말하는 거다"라며 아버지를 감싸셨다. 그때는 할머니 말씀이 전혀 이해되지 않았다. 그저 어머니 시신 앞에서 자기가 구박해서 부서진 자식에게 지독한 말을 퍼붓는 아버지가 미울 뿐이었다. 그러나 아주 먼 훗날, 내가 당시 아버지 나이가 되자 외할머니의 말을 인정하지 않을 수 없었다.

어머니 장례식을 마치자 아버지는 장남의 영재 만들기 프로젝트를 완전히 접고 "원하면 기술이나 배워 네 앞길 네가 개척해라"라며 아이를 풀어주겠다고 선언하셨다. 우리 집에서 독립해 나가 일찍부터 기술을 배워 사업체까지 갖게 된 막내고모네 아들들이 조문 오자 친척들이 나서서 장남을 기술자로 키워보라며 달려 보냈다. 그들은 금속 조각을 해서 물건의 문양을 찍어내는 틀을 만들어 기업에 납품하는 사업을 하고 있었다. 장남의 적성에는 전혀 맞지 않았지만, 나를 비롯한 외가 친척들은 아버지가 장남의 공부를 포기한 것만도 다행으로 여기며 얼른 사촌형을 따라가라고 했다. 그러나 평생 자기 싫은 일만 하던 아이는 결국 죽음으로 한 많은 세상을 마감했다.

어머니가 세상을 떠났을 때 나는 고등학교 2학년이었고, 여동생은 중학교 2학년이었다. 대학 입시 준비만으로도 빠듯했지만 나는 중학생인 여동생부터 초등학교 2학년인 둘째 남동생과 아직 초등학교에도 입학하지 않은 어린 막내 남동생까지 돌봐야 하는 처지였다.

어머니는 돌아가시기 직전 병상에 누운 채 내 손을 꼭 잡고 남은 동생들을 잘 길러야 가문의 영광을 되찾을 수 있다고 하시면서 "절대 아버지에게 아이들을 맡기지 마라. 그러면 다른 아이들도 큰애처럼 될 것이다. 너는 의지도 굳고 아버지하고도 싸움을 잘하니 아버지와 싸우더라도 아이들을 지켜라"라고 신신당부하셨다. 그것이 어머니의 유언이 되었고, 그때 나는 어머니의 유지를 반드시 받들겠다고 결심했다.

그러나 우리 형제들은 아버지의 기질을 물려받아 대부분 개성이 강했다. 그런 동생들을 공부시키려니 아버지가 장남에게 한 것과 같은 폭력이 필요했다. 나는 나 자신을 감당하기에도 어렸고, 내가 아는 훈육 방법은 부모님의 양육 태도를 보며 배운 것밖에 없었다. 그것도 전통이라면 전통이어서 나도 모르게 아버지와 비슷한 폭군으로 변해갔다.

나쁜 전통 버리기는
내 살 베기보다 고통스럽다

"그러니까 누나가 숙제로 낸 영어 단어를 한 개도 안 외웠다는 거지? 어떻게 그럴 수가 있니? 정말로 공부하기 싫다는 거니? 그럼 당장 학교 때려치워."

나의 단호한 선언에 중학교 2학년 막냇동생은 고개를 푹 떨구었다. 한참 이어진 침묵 후에 내가 약간 목소리를 낮춰 말했다.

"학교 계속 다니려면 누나랑 약속한 대로 30센티미터 자로 손바닥 맞아야겠지? 단어 한 개에 석 대씩 맞기로 약속했지?"

말이 떨어지기 무섭게 막냇동생은 엉거주춤 일어서서 재빨리 30센티미터 대나무 자를 가져와 건넸다. 외우라고 한 단어가 무려 103개나 되었다. 다음 날 배울 새 단원의 단어를 미리 외워두라는 숙제였다. 그날따라 새로운 단어가 유난히 많았다. 뒤늦게 그것을 알아차리고는 약간 멈칫했다. 그러나 아버지가 물려준 전통적 사고는 아랫사람이 지시사항을 지키지 않으면 물러서지 말고 약속대로 밀어붙이는 것이었다. 나는 무표정하게 협박조로 말했다.

"그러니까 309대 맞아야겠네. 너무 많아서 누나가 때리다 말 거라는 생각은 하지도 마. 누나가 한 번이라도 작은형이나 작은누나한테 한 약속 깨뜨리는 거 봤어?"

막냇동생은 힘없이 고개를 가로저었다.

나는 결혼하고 강원도 원주에 있는 지방 방송국에 발령받아 거기서 신접살림을 시작했다. 내가 결혼하고 이어서 바로 아래 여동생과 둘째 남동생이 차례로 서울대에 합격해 아르바이트 자리를 얻어 일터와 학교에서 가까운 곳으로 독립해 나가는 바람에 친정에 아버지와 막냇동생만 남았다.

아버지는 가문이 몰락했음을 스스로 받아들인 후 자신감을 잃고 사람 만나는 것을 꺼리셨다. 한 암자의 스님과 마음이 통해 자주 스님에게 달려가 책 읽고 뭔가를 쓰면서 한 달이고 보름이고 머물다가 귀가하시곤 했다. 그때 쓴 원고들이 모여 여행가방으로 가득했다. 그런데 아버지는 마치 그 원고들이 최고의 자산이라도 되는 듯 가방에 자물쇠를 채워 항상 들고 다니셨다. 우리 형제들은 그 안에 무슨 글이 들어 있는지 궁금했고, 그 글에서 아버지의 인간적인 새로운 면을 발견할 수 있을 것 같아 훗날 유작으로라도 출판하면 좋겠다는 말을 하곤 했다. 그런데 가방 모양이 그럴듯한 데다 자물쇠까지 채워놓아 대단한 것으로 보였던지 어느 날 기차 안에서 졸다가 도둑맞고 말았다. 도둑은 가방을 열어보고는 자기에게 전혀 쓸모없는 종이뭉치만 들어 있어서 분통을 터뜨렸을지도 모른다.

가방을 잃어버린 아버지는 전 재산을 잃었을 때보다 더 크게 상심하고 허탈해하셨다. 그런 상태로는 중학생인 막내아들의 보호자 노릇을 제대로 할 수 없을 것 같았다. 게다가 내가 결혼한 이후 근처에 살던 외할머니가 주축이 되어 고모들과 작은어머니 등이 순번제로 아버지와 동생들을 돌봐주었는데, 외할머니마저 세상을 떠나면서 흐지부지되었다. 나는 결혼하고 나서 얼마 안 돼 아들을 낳았지만 막냇동생이 중학교 2학년으로 올라가자 더이상 아버지 곁에 둘 수 없다고 판단해 강원도 원주중학교로 전학시켰다. 원주는 나로서도 연고가 전혀 없어 직장에 다니면서 어린 남동생과 막 태어난 아들을 돌보기가 쉽지 않았다. 가사 도우미가 갑자기 결근하거나 아이가 이유 없이 아플 때, 막냇동생이 말없이 늦게 귀가하거나 친구들과 싸우다 맞는 등 말썽을 피울 때면 엄마를 일찍 여읜 설움이 뼛속까지 파고들어 혼자 화장실 문을 잠그고 휴지로 입을 막으며 소리를 죽인 채 펑펑 울곤 했다. 결혼한 직장 여성에게 친정어머니라는 원군이 없다는 것은 팔 하나가 없는 것보다 더한 고통이어서, 훗날 여동생이 결혼하고 아이를 낳자 나는 억지로 휴가를 내고 달려가 산바라지를 해주었다.

결혼 후 가사 도우미에게 아이를 맡기고 직장에 다니는 동안 도우미가 출근 직전에 나타나 오늘은 일할 수 없다고 해서 가슴 철렁했던 적이 한두 번이 아니었다. 그럴 때마다 온갖 아쉬운 말과 웃돈을 동원해서 그녀를 붙들어두어야만 했다. 당시에는 직장에 다니는 기혼자가 드문 데다 지방은 더욱 보수적이어서 부업이 필요한 주부들도 가사 도우미 일은 하려고 하지 않았다. 남의 집 허드렛일 하는 것이 자식들에게 큰 흉이 된다는 것이었다. 그래서 논과 밭에 나가 농사일 거들며 돈을 벌지언정 가사 도우미는 하지 않으려고 했다. 따라서 농번기가 되면 가사 도우미 구하기가 더욱 어려웠다. 어떤 때는 가사 도우미 구하는 일로 지쳐서 집안일이나 직장 일을 마치고 나면 손가락 하나 까딱하기 싫을 정도였다.

그러나 사춘기 남동생을 데리고 있어 가사 도우미가 갑자기 그만두어도 시어머니에게 도움을 청할 수 없는 처지였다. 막냇동생이 우리 집으로 온 후 급여를 대폭 올려주었지만 대부분의 도우미들은 아기와 중학생 때문에 일거리가 너무 많다며 자주 불평을 했다. 가사 도우미가 직업으로 정착되지 않아서 더욱 그랬던 것 같다.

5남매 중 네 번째로 태어난 둘째 남동생은 굳이 예습과 복습을 시키지 않아도 알아서 잘했다. 어머니 살아생전에도 학교에 다녀오면 숙제부터 하라는 어머니 말씀을 거의 한 번도 어기지 않았다. 그것이 작은 사람의 프리미엄인지 모른다. 바로 위 형제들이 부모와 갈등 일으키는 것을 보고 피할 방법을 찾아냈으니 말이다. 공부에 관해 아무도 신경 쓰지 않았지만 그런 습관이 몸에 배어 자주 수석을 차지했고, 서울대학교에도 무난히 합격했다. 다행히 우리 집 둘째들은 규범을 잘 지키고 윗사람 지시를 잘 따르는 어머니의 성격을 더 많이 닮았다.

그에 비해 장녀인 나와 문제의 장남, 그리고 막냇동생은 개성이 강하고 자기주장을 물리지 않는 아버지의 기질을 더 많이 물려받았다. 그래서인지 세 사람은 어른 말도 곧이곧대로 받아들이지 않고, 어른의 지시도 마음에 들지 않으면 따지고 우기다가 야단을 많이 맞았다. 어머니에게도 아버지 닮아서 고집만 세다는 핀잔을 자주 들었다. 그중 아버지의 기질을 장남 못지않게 많이 물려받은 나는 나도 모르게 아버지의 공부 제일주의 전통을 가장 많이 물려받았던 것 같다. 그래서 형제들이 공부를 잘하도록 키워야만 가문의 위상을 다시 세울 수 있다는 어머니의 유언을 따르는 것이 가문의 마지막 자존심을 지키는 길이라고 굳게 믿었다.

그런 여러 가지 이유로 하여 나는 막냇동생이 영어 숙제를 하지 않자 무척 화났다. 아버지가 장남 영재 만들기 프로젝트에 성공하지 못할 때마다 주문처럼 외우던 '나쁜 버르장머리는 초장에 뿌리 뽑아야 한다'는 사고가 내 머리에도 박혀 있었던 것이다. 결국 나는 막냇동생의 손바닥을 에누리 없이 정확히 309대 때렸다. 사실은 모든 형제 중에서 내가 아버지의 강압적인 태도를 가장 많이 비난했다. 그런 내가 아버지의 고루한 사고방식을 가장 많이 물려받았던 것이다. 가정 내의 규범, 책임, 역할, 관계 유지, 식습관 등 전통은 그것이 비합리적일지라도 자손들에게 피부처럼 몸에 안착되기 쉽다. 점차 이런 안 좋은 전통을 버리고 합리적 태도를 갖고 싶어 했지만 내 살갗을 베는 것만큼 아픈 과정 없이는 이미 젖은 전통적 습성을 버리기가 정말로 어렵다는 점만 깨닫곤 했다.

손바닥을 309대 맞은 막냇동생은 손바닥에서 피가 나고 손 모양이 일그러질 정도로 퉁퉁 부르텄다. 다음 날 아침이 되자 부기가 더욱 심해져 손 같지 않았다. 손으로 아무것도 붙들 수 없게 되어 책가방도 들 수 없었다. 마음속으로는 안쓰러웠지만 아이를 강하게 키우려면 겉으로 동정심을 보이지 말라는 아버지의 전통적 사고방식을 물려받은 나는 그냥 차갑고 쌀쌀맞은 목소리로 "그렇게 된 건 내 잘못이 아니라 네 잘못이야"라고 오히려 아이를 윽박질렀다. 한편으로는 그런 일로 아이를 결석시킬 수도 없고, 학교까지 책가방을 들어다줄 형편도 못 되어 난감했다.

사실 먼 훗날 아이를 키우다 보니 내 자식이었다면 어떤 무리를 해서라도 책가방을 들고 학교까지 따라가 선생님에게 잘 보살펴달라고 부탁하고 돌아왔을 것 같았다. 그래서 두고두고 엄마 일찍 여읜 아이들이 세상에서 가장 불쌍하다고 말하곤 한다. 하지만 당시 나는 그런 생각을 할 만큼 성숙하지 못했다. 우리는 주말부부여서 주중에는 나 혼자 어린 아들을 가사 도우미에게 맡기고 출퇴근하는 처지였다. 그런데 걸핏하면 가사 도우미가 그만둔다고 해서 내가 직접 동생의 책가방을 들고 학교까지 가 줄 여력이 전혀 없다는 것이 당시 나의 완고한 생각이었다. 무엇보다 나는 너무 많은 노동과 스트레스로 마음이 오랜 가뭄에 바짝 시든 꽃처럼 바스락 소리가 날 만큼 말라 있었다.

연민이나 동정심까지 말라 손이 퉁퉁 부르튼 동생을 향해 "결석하든지 책가방을 팔에 끼고 가든지 알아서 해"라고 차갑게 말했던 것 같다. 동생은 입을 다물고 몸짓으로 책가방을 팔에 끼워달라고 했다. 책가방을 들어보니 제법 무거웠다. 마음이 잠깐 무거웠지만 역시 무표정한 얼굴로 어린 동생의 팔에 끼워주었다. 동생은 자기 잘못을 잘 안다는 듯 휙 학교로 향했다. 그러나 그날의 사건은 그것으로 일단락되지 않았다. 후유증이 정말 오래갔다. 동생은 그날 이후 절대로 영어 단어를 외우지 않고 나에게 매 맞는 것으로 대신했다. 나도 거의 매일 손바닥을 때리다보니 지쳐서 결국 매질을 중단했다.

나에게 손바닥을 맞으며 공부한 남동생은 이날 이후 절대로 영어 단어를 외우지 않은 것은 물론, 영어 책을 들여다보는 것도 끔찍하게 싫어했다는 사실을 아주 늦게 알았다. 남동생이 중학교 3학년이 되자 아버지가 다시 서울로 데려가 그 이후의 일은 잘 몰랐는데, 훗날 미국에 가서 자녀 교육 관련 수업을 들으면서 그때 막냇동생이 '영어'는 곧 '심한 매질'이라는 연상작용이 생겨 영어 책을 보기도 싫어했을 것이라는 사실을 깨달았다. 공부는 곧 귀찮은 일, 엄마의 잔소리, 부담 등의 단어와 연상작용이 일어나지 않아야 공부에 대한 흥미를 잃지 않게 된다.

하여간 막냇동생은 사법고시를 볼 때도 영어가 아닌 독일어를 선택할 정도로 영어가 싫었다고, 훗날 고백했다. 속으로 미안해서 한국인에게 영어보다 독일어가 배우기 어렵다던데, 독일어 공부는 잘 되더냐고 물으니, 사법고시에서 만점을 받았단다. 동생은 어학 공부를 싫어한 것이 아니라 '영어'와 '누나의 매질' 연상작용을 견디지 못했던 것이다. 그 연상작용은 성인이 된 후 서서히 사라져 변호사가 된 뒤 국제 법률 문제를 다루면서 영어 공부에 파고들어 지금은 웬만한 전문서적과 소설까지 볼 정도로 실력이 높아졌다.

이 사건을 통해 나는 아이들에게 억지로 공부시키는 것의 문제점을 극명하게 알게 되었다. 그러나 동생의 중학생 시절에는 88 서울 올림픽을 앞두고 영어 교육 광풍이 불었다. 언론마다 우리나라도 곧 지구촌 시대를 맞아야 하니 영어를 잘해야 한다고 주장했다. 원주에까지 영어학원이 마구 생겨났다. 그런 사회적 분위기와 아버지가 물려준 공부 제일주의 전통이 내 머리를 지배하고 있어 동생에게 영어 공부를 하라고 과도하게 밀어붙여 엄청난 부작용을 초래했으니, 반성을 해도 크게 할 수밖에 없는 상황이었다. 그 당시엔 억지로라도 영어를 잘하도록 만들어야 이 아이가 사회에 나가 자기 역할을 제대로 할 수 있을 것이라는 믿음뿐이었던 것 같다. 그것이 얼마나 잘못된 착각이었는지 깨닫기까지 정말로 오랜 시간과 경험이 필요했다.

막냇동생은 아버지가 장남 영재 만들기 프로젝트에 실패했음을 스스로 인정하기 시작할 무렵에 태어났다. 그래서 아버지는 막내아들에게 공부하라는 잔소리를 거의 하지 않으셨다. 부모가 억압하지 않으니 막내는 우리 형제 중에서 아버지를 가장 좋아하는 효자 아들이 되었다. 동생과 아버지의 관계를 볼 때마다 '맞아, 부모도 자기 괴롭히면 싫은 법이야'라는 생각이 들곤 했다. 어릴 때는 누구나 미래를 위해 고통스러워도 참아야 한다는 어른들의 생각을 이해하지 못한다. 아버지는 그런 어린아이의 특성을 간과하고 자식의 미래만 내다봐 장남을 억압한 셈이었다. 장남을 잃고서야 비로소 아이들의 그런 특성을 이해하셨던 것이다.

부모가 자식에게 억지로 공부를 시키는 것이 아이들의 머리에 얼마나 큰 손상을 입히는지는 훗날 중학교 1학년, 중학교 2학년 두 아들을 데리고 미국에 공부하러 가서 좀 더 확실히 알게 되었다. 내가 공부하러 간 미시간 주립대학교 캠퍼스에는 수업을 들으러 오는 노인들이 참 많았다. 궁금해서 한 분에게 무엇을 배우러 다니느냐고 물었더니, 자신은 계모와 전실 자식의 대화법을 공부한다고 대답했다. 미국 오기 전 방송국에 오래 다녀 남들보다 세상 돌아가는 상황을 잘 알 수 있었지만, 그런 것을 대학에서 배운다는 말은 들어본 적이 없어 의아했다.

1994년에 두 아들 데리고 공부하러 갔을 때 미국은 이혼율이 50퍼센트에 육박하고 청소년 폭력 문제가 심각했다. 전 미국에서 '가정 해체 예방 운동(family crisis prevention)' 또는 '가족 가치 지키기' 운동이 활발했다.

할리우드 영화는 가족의 가치를 많이 다루었다. 유수 대학들이 부모 노릇(parenting) 과목을 개설했다. 아동심리를 비롯한 심리학 전공 교수나 문제 청소년들을 교화시켜온 사회복지사, 경찰들이 주로 강의를 맡았다. 이후 재혼한 커플의 가장 큰 불화 요인이 전처 자녀들과의 소통 문제라는 연구 결과가 많이 나와, 가족관계를 위한 교육 과정이 많이 생겼다. 그런 광경을 접한 나는 공부만 강조하셨던 아버지가 일찍이 이런 과목을 공부하셨다면 장남과 나, 그리고 막냇동생 등 모든 가족의 삶은 물론 가문의 위상이 얼마나 달라졌을까 하는 아쉬움을 감출 수가 없었다.

2장

직장생활과
양육 사이에서
직장생활을 선택하다

엄마가 맞벌이하느라 자식을 잘 챙기지 못했다고 미안해하지 마세요. 엄마가 맞벌이하는 게 잘못도 아닌데, 자식을 알뜰하게 돌보지 못한 것이 고의도 아닌데, 미안해하면 자식은 엄마의 맞벌이를 부끄러운 일로 오해할 수 있어요. 정당한 일을 하고도 미안해한다면 자식들이 엄마를 존경하기 어려울 거예요. 차라리 엄마가 바쁘니 이런 것은 직접 처리하라고 가르쳐 자립심을 길러주면 엄마를 존경하면서도 스스로 자기 관리를 잘하는 자립적인 사람으로 키울 수 있을 거예요.

군대 밥이 엄마 밥보다
맛있었어요

작은아들이 책 출간과 방송 출연으로 세상에 이름을 알리기 시작하면서, 부실한 내 살림 솜씨가 전국적으로 매스컴을 탔다. 작은아들이 군 제대 후 한 인터뷰에서 담당 기자가 군 복무 중에 식사 문제 등에서 어려움은 없었는지 묻자 "군대 밥이 엄마 밥보다 맛있었어요"라고 대답했던 것이다. 최근 한 지상파 TV 방송에 출연해서는 "우리 엄마는 아들을 돌보는 것보다 직장 일이 우선이어서 저는 일곱 살 때부터 요리를 배웠어요"라는 말도 했다. 아들이 방송에서 그런 멘트를 날리고 귀가하던 날, 나는 몇 번인가 "엄마가 종갓집 딸인데 그렇게 요리를 못할 리가 있니? 엄마 살림 솜씨를 너무 폄하한 것 아냐?"라고 능치며 물었다. 그랬더니 아들은 재미있다는 표정으로 "엄마는 잔치 요리, 제사 요리는 좀 하시지만 일상 요리는 많이 부실하잖아요. 시간 없을 때 뚝딱하는 요리가 진짜 요리 아닌가요? 제가 거짓말하는 것도 아니고, 그냥 살림 못하신다고 인정하세요. 엄마 잘못도 아닌데요 뭐"라며 실실 웃었다.

나는 종갓집 딸이라서 시간 오래 걸리고 미세한 발효의 차이가 가문의 정통성을 재는 바로미터라도 되는 것처럼 소중히 여기던 우리 집 전통에 따라 장류, 젓갈, 김치 담그기 등은 10대 초반부터 배웠다. 그러나 10대 중반부터 가세가 기울고 후반에는 어머니마저 잃어, 학교에 다니면서 어린 동생들을 돌봐야 하는 상황이라 일상적인 요리나 집 안을 반질반질하게 청소하는 종갓집의 살림 솜씨를 배우지 못했다. 종갓집다운 자기 관리는 10대 이전부터 배우지만 살림살이는 좀 더 자란 후에 배우는 것이 보통이었다. 그렇다보니 집이 망하기 전에는 도우미 아주머니들이, 가세가 기운 후에는 고모, 이모, 숙모, 외할머니 등 여자 친척들이 우리 집 가사를 책임졌고, 결혼 후에는 맞벌이하느라 가사 도우미에게 의존하게 돼 살림을 제대로 배울 겨를이 거의 없었다. 그렇다보니 가정주부라면 이 정도는 할 줄 알아야 한다는 기준에 미달할 수밖에 없었다. 친구들의 엄마가 대부분 전업주부이던 시절에 성장한 두 아들 눈에는 내가 다른 집 엄마들처럼 주부다운 깔끔한 청소, 빨래, 정리, 정성껏 구워 예쁜 그릇에 담은 쿠키류의 간식 등을 해준 적이 없으니 엄마의 살림 솜씨 평가가 짤 수밖에 없을 것이다. 그러나 나는 작은아들이 내 부실한 살림 솜씨를 널리 공개해도 위축되거나 미안해서 쩔쩔매지 않았다.

나는 아버지의 서툰 아버지 노릇의 피해자라고 믿으며 성장했다. 당시엔 '아버지는 자식을 이렇게 키워야 한다'는 사회적 기준이 엄격했다. 보통 엄격한 아버지, 자애로운 어머니가 이상적이라고 믿었다. 그러나 우리 집은 어머니도 엄격한 편인 데다 아버지는 더 엄격했다. 나는 아버지가 아버지 노릇도 제대로 못하면서 자식들에게 괜히 엄하기만 하다고 생각하며 자랐다. 그러나 내가 부모가 되고 보니, 우리 아버지뿐만 아니라 우리나라 대부분의 부모가 부모 노릇에 대한 피상적인 개념만 가지고 있었다. 부모 노릇을 제대로 배운 적이 없어 우리 아버지와 비슷한 실수를 해 자식들의 미래를 망치는 경우가 많다는 것을 알게 되었다. 아버지 역시 자신이 관념적으로 아는 부모 노릇에만 충실하려고 하셨다는 것을 깨닫고 미워하는 마음을 조금 내려놓았다.

그러나 내가 어릴 때는 대부분의 부모가 자식에게 완벽한 어른의 모습을 보여야 한다고 믿었다. 그 완벽한 어른, 그중에서도 아버지상은 자식에게 엄격한 것이 기본이었다. 자식은 그런 부모에게 절대 복종해야 했다. 부모 자식 간에 진솔한 대화가 오가기 힘든 구조였다. 그렇다보니 부모가 자식의 속마음을, 자식이 부모의 속마음을 제대로 파악하기 힘들었다. 어떤 부모는 자식에게 지독한 욕을 퍼붓는 방법으로 자식의 잘못된 행동을 바로잡으려 하고, 어떤 부모는 근접하기 어려울 정도로 무섭게 대하거나 심한 매질로 자식을 바로잡으려 했다. 그런데도 자식들의 부모에 대한 원망은 지금보다 적었다. 이유는 부모의 욕심을 위해 자식에게 무섭게 대한 것이 아니라, 자식이 바르게 자라기를 바라는 마음에서 그랬다는 것을 자식들이 읽었기 때문일 것이다.

물론 사람은 사회적 동물이어서 고립되어 살기를 원하지 않는다. 홀로 사회적 관습을 뛰어넘는 용기를 내기도 어렵다. 그러나 나는 장남을 희생양으로 만든 아버지를 보고 자라 어느 정도 사회적 관습을 뛰어넘는 배짱을 가지게 되었다.

나도 여자라면 누구나 살림 솜씨가 있어야 한다는 당시의 사회적 관습을 홀로 깨뜨릴 용기는 없었다. 그러나 어머니의 지지 덕분에 용기를 얻었다. 어머니는 허약 체질로 태어났으나 종갓집 맏며느리가 되어 시부모와 자식 챙기는 일은 기본이고, 조상들 기제사, 친인척 대소사, 집안 일꾼들은 물론 가난한 친인척들까지 모두 챙겨야 했다. 체력적으로 너무 벅차 자주 몸져누우셨다. 점차 가사 일을 도우미나 어린 딸들의 도움을 받아 처리해야 했다. 고모들도 번갈아 친정에 드나들었다. 어머니의 잦은 병치레는 고모들의 가장 큰 불만거리였다. 내 생각에는 어머니가 그런 고모들의 불평과 체력적으로 감당하기 어려운 높은 강도의 노동과 스트레스에 못 이겨 일찍 세상을 떠나신 것 아닌가 싶다.

종갓집 며느리라는 위치를 지키기가 얼마나 고통스러웠던지 어머니는 두 딸에게 너희는 절대로 나처럼 살지 말라고 당부하시곤 했다. 부득이 딸들에게 가사 일을 시켜야 할 때도 기본만 처리하면 "이제 됐으니 가서 공부해라. 나중에 아주머니가 알아서 마무리하실 거다"라며 말리셨다. 고모들이 알았으면 노발대발하셨겠지만 딸들에게 종갓집다운 살림법을 가르치려고 들지도 않으셨다. 물론 어머니도 옛날 분이어서 가사 도우미가 없을 때 나나 여동생이 다림질이나 바느질에 너무 서툴면 "그래 가지고 어디 시집이나 가겠니?"라며 혀를 차시곤 했다. 그러나 보통 때는 살림을 못 배워서 시집 못 갈 걱정은 붙들어 매고 독하게 공부해 전문직 여성이 되면 혼자서도 떳떳하게 살 수 있다고 말씀하셨다. 그런 어머니의 격려로 우리 집 두 딸은 전문직 여성이 되었다. 살림 못하는 여자들을 무시하는 시대에도 꿋꿋하게 가정을 꾸리고 아이를 낳아 키우며 살아남았다.

그러나 여성의 사회 진출이 미미하던 1970년대 중반, 대학 나온 여자들도 교사, 간호사, 하위직 공무원 외에는 취업하기 힘들었다. 사기업이나 언론사 등은 신사 클럽이나 마찬가지여서 여직원은 사무실 분위기 전환용으로 뽑는 것이 보통이었다. 그런 사정을 잘 아는 보수적인 아버지들은 딸을 대학까지 보내놓고도 사기업이나 언론사에 취업하는 것을 원하지 않으셨다. 그러나 나는 이미 아버지 말씀에 순종하지 않는 거센 딸이어서, 아버지와 상의도 없이 혼자 취업 시험에 몇 번 도전한 끝에 공영 방송국의 공채 아나운서로 합격했다. 어려운 관문을 통과한 것을 자랑할 겸 합격 소식을 전했더니 "그거 분칠하고 사람들 앞에서 웃으면서 말하는 직업 아니냐?"라며 우쭐해진 내 기분에 찬물을 끼얹으셨다. 신문사 기

자와 논설위원으로 잠시 일한 적 있는 아버지는 내가 저널리스트가 되고 싶다고 말했을 때 신문기자가 되겠다는 줄 알았지, 아나운서를 지망하는 줄 알았다면 말렸을 거라고 강조하셨다. 나는 발끈해서 "아버지가 말려서 잘된 자식이 누가 있어요? 그렇게 구닥다리 사고방식으로 말릴 바에는 알아서 살게 놔두시는 게 자식을 위하는 길 아닌가요?"라며 쏘아붙여 아버지 마음을 아프게 했다. 더 이상 아버지가 내 취업 문제에 개입하지 못하도록 차단하려는 의도였다.

당시 나는 아버지가 장남을 자기 방식으로 억지로 키우려다 가문까지 기울게 만든 것으로 단정했다. 이어진 어머니의 죽음도 아버지 탓으로 여겼다. 그래서 아버지가 남은 자식들까지 강하게 밀어붙여 망가뜨리게 놔둘 수 없다는 사명감을 갖고 독한 말로 아버지의 입을 막곤 했다. 아버지는 가문의 몰락과 장남을 망친 책임을 절절히 통감하신 듯 내 지독한 말에 곧바로 입을 다무셨다. 내 독설이 너무 가슴 아팠던지 돌아가시기 얼마 전에 "너도 그렇게 막말하면 나중에 나 죽고 나서 속으로 피눈물 흘릴 거다"라며 긴 한숨을 내쉬셨다. 이 말이 장남을 망친 일로 후회하며 속으로 매일 피눈물을 흘린다는 처절한 고백이었음을, 아버지가 돌아가시고 한참 후에야 깨달았다.

자식이 부모의 속마음을 깨닫기까지는 참 오랜 시간이 걸린다. 인간은 표현하지 않으면 타인의 속마음을 알아내는 능력이 거의 없다. 그래서 나는 가끔 나와 비슷한 경험을 가진 사람들이 당시의 나에게 부모의 마음

읽는 법과 바른 부모 노릇에 대해 귀띔만 해주었다면 아버지를 그토록 심하게 몰아붙이고, 돌아가신 뒤 두고두고 후회하지 않았을 거라는 생각을 한다. 그런 생각이, 알리기 싫은 내 가족사를 공개하고 부모 노릇에 대해 정리된 생각을 책으로 펴낼 용기를 갖게 해주었다.

남의 경험을 받아들여 내 것으로 삼을 수 있다면 그보다 더 좋은 일은 없을 것이다. 그래서 내가 터득한 좋은 부모 노릇의 주요 조건들을 소개해야겠다고 결심했다. 내가 터득하고 실천한 올바른 부모 노릇은 부모 자신이 자식보다 사회의 미래 트렌드 변화를 바르게 읽어낼 자신 없으면 자식의 진로를 섣불리 지도하려고 하지 않는 것이다. 사회의 미래 트렌드는 곧 미래의 주역이 될 아이들이 어른들보다 잘 읽는다. 따라서 자식들과 미래를 내다보고 결정하는 경쟁을 하는 것보다 미래의 주역이 될 자식이 알아서 진로를 선택하도록 하는 것이 올바른 부모 노릇이라고 확신한다.

자식의 선택이 마음에 안 들어도 그것이 미래에는 더 나은 선택임을 깨닫는 경우가 아주 많다. 나 역시 이런 사실을 깨닫고는 두 아들의 진로 선택에 간섭하지 않고, 지원을 요청할 때만 도왔더니 모두 스스로 적성을 찾아내 자기에게 맞는 진로를 선택했다. 큰아들은 유치원 때부터 집짓기를 좋아하더니 건축가가 되었고, 작은아들은 책 읽고 쓰는 것을 좋아하더니 책과 관련된 일을 하게 된 것이다. 그렇게 선택한 직업이어서 만족

도가 높고, 힘들이지 않고 자기 분야에서 두각을 나타내는 것 같다.

부모는 과거 자기가 공부하던 시절에 이미 검증된 분야의 공부에 많이 의존하기 쉽다. 그래서 자식의 미래도 자신이 경험한 바에 따라 결정해야 안심한다. 그러나 세상은 끊임없이 변화하고, 변화의 속도는 점점 빨라지고 있다. 변화된 사회라는 것은 과거와 전혀 다른 경쟁의 장이 열린다는 것을 의미한다. 인류 역사는 그 사실들을 명백히 증명한다. 가까운 역사만 살펴봐도 바로 알 수 있다. 19세기부터 시작된 산업혁명 이후에야 인류는 기계 기술을 발명해 공장에 기계를 들여놓고 여러 가지 편리한 생활도구들을 생산했다. 수천 년간 농지를 가진 영주 또는 지주들이 가장 잘살았으나, 이때는 갑자기 농지를 공장으로 바꾼 지주나 영주가 부와 명예를 가져갔다. 지주 밑에서 소작농으로 살던 사람들도 공장에 취직해 기술을 배우면 예전보다 잘살 수 있었다. 그러한 시대 변화를 읽지 못하고 농지만 고집한 지주나 영주, 공장에 기웃거리지 말고 농사일만 배우도록 강요한 소작농의 자식들은 시대에 뒤처져 점점 더 가난하고 고단한 삶을 살아야 했다.

20세기에는 대량 생산이 가능한 산업사회로 변했다. 공장 주인이나 기계를 잘 다루는 기술자보다 서비스와 유통업자가 유리해졌다. 생산이 늘고 물류 범위가 넓어지면서 소송과 분쟁이 많아졌다. 공장에서 내뿜는 매연, 도시 형성과 잦은 주거지 이주 등으로 전염병 발병도 크게 늘어 이에 대한 해결책으로 의학이 발달했다. 이에 따라 유통, 서비스는 물론 법률, 의료 전문가들이 급부상했다. 부모가 세상 변화를 제대로 읽고 자식에게 관련 분야를 공부시킨 집은 평민들도 자식 대에 귀족 못지않은 부와 명예를 누렸다. 반면에 시대 변화를 읽지 못해 자식에게 공장에 가서 기술이라도 배워야 굶어 죽지 않는다고 고집을 피운 부모들은 자식을 평생 저임금의 공장 노동자로 살게 만들었으며, 공장주들도 유통업과 접목하지 못한 경우 수익이 줄어 공장을 유지하기 힘든 상황에 직면하는 일이 많아졌다.

21세기에는 정보화 시대를 맞았다. 인터넷 등 첨단기술로 세계 각국의 정보들이 공기처럼 떠다니기 시작했다. 그런 정보들을 남들보다 먼저 모으고 옥석을 가려내 자기 것으로 만드는 능력이 노력 덜 들이고 더 큰 성공을 거둘 수 있는 능력이 되었다. 그런 능력은 인터넷 공용어로 사용되는 외국어 실력과 IT 기술력이 좌우하는데, 학력이나 스펙에 올인하면 그런 공부를 할 시간이 없어진다. 부모가 정보화 시대의 특성을 모른 채 자신이 성장하던 산업 사회를 기준으로 자식들에게 전문직에 필요한 공부만 하도록 강요하면서 컴퓨터 앞에 앉아 있지 말라며 무조건 학원으로만 내몰면 스펙은 높지만 사회적으로 쓸모없는 자식으로 성장할 가능성이 높은 세상이 된 것이다. 이미 자식의 진로를 스스로 선택하도록 올바른 부모 노릇을 한 사람들은 자식이 어린 나이에 골방에 컴퓨터 한 대 놓고 전 세계를 대상으로 재능과 물건을 팔아 성공하는 모습을 보고 있다.

그런 의미에서 나는 어머니가 두 딸에게 자기 식의 전통적인 삶의 방식을 배우라고 강요하지 않은 점에 감사드린다. 이미 우리 사회도 살림 잘하는 여자보다 사회생활 잘하는 여자를 더 인정해주는 추세이니 말이다. 만약 어머니가 당시 다른 집 어머니들처럼 딸에게 학교 공부보다 살림살이나 착실하게 배우라고 강조하셨다면, 나와 동생은 몹시 불행하게 살았을지도 모른다. 둘 다 살림하는 것이 적성에 맞지 않으니 살림살이에 재미를 느끼지 못했을 것이다. 살림만 했다면 사는 것이 지루하고 재미없었을 것이 뻔하다. 만약 어머니가 살림살이를 배우도록 강요하셨음에도 불구하고 어찌어찌해서 맞벌이 주부가 되었더라도 두 아들 앞에서 살림 못하는 나 자신을 엄마 자격 미달로 간주해 부끄러워하고 스스로 위축되었을 것이다.

내가 살림 잘 못하는 것에 주눅 들지 않으니, 두 아들도 엄마가 자기 친구 엄마들처럼 간식으로 예쁜 쿠키를 구워준 적 없고, 자기들 방 벽지를 꾸며준 적 없지만, 엄마에게 불만이 없다고 말한다. 작은아들이 최근에 했던 한 언론 인터뷰 내용이 그것을 증명한다.

"엄마가 아들에게 항상 맛있는 음식을 해주실 수 있다면 좋겠지만, 매번 맛있는 음식을 해주면서 이것저것 간섭을 많이 하셨다면 오히려 엄마와 더 가까워지지 못했을 거예요. 저는 우리 엄마가 요리를 잘 못하고 알뜰하게 챙겨주시지는 못했지만, 힘든 일이 생기면 가장 먼저 엄마한테 말씀드리고 위로를 받을 수 있어서 좋아요. 그런데 군 생활 하면서 후임이나 선임 중에 엄마가 걱정한다면서 우울하거나 속상한 일을 엄마에게 절대로 말할 수 없다는 애들이 많아서 깜짝 놀랐어요. 엄마에게 자기의 가장 큰 고민을 털어놓을 수 없다면 누구에게 말하는지 궁금했어요. 친구들끼리 의논해서 모든 문제를 해결할 수는 없잖아요. 저는 군 복무 시절 특전사에서 통역병으로 복무했는데, 거기서 이라크와 아프가니스탄 같은 격전지를 거쳐 한국으로 파병된 미군들을 참 많이 만났어요. 그들은 덩치 큰 전사들 모습인데도 고민이 있으면 장거리 전화로 엄마와 의논한다고 하더라고요. 자기의 가장 큰 고민이나 아픔을 엄마에게 마음 놓고 고백하고 위로받지 못하는 자식은 얼마나 불행할까요? 그래서 저는 엄마에게 맛있는 음식을 많이 얻어먹지 못하고 자랐지만 엄마에 대한 불만이 없어요. 저라고 왜 살면서 엄마에게 불만이 전혀 안 생겼겠어요? 그러나 우리 엄마는 불만이 생기면 그때그때 제 불평을 묵묵히 들어주고 위로해주셔서 쌓인 게 없다는 거예요."

'계모인가요?'와
'아줌마가 그렇지 뭐' 사이

나는 어머니 못지않은 허약 체질로 태어났다. 운동신경마저 둔해 운동으로 체질을 개선한다는 생각도 할 수 없었다. 내가 운동으로 체질을 개선하고 비교적 건강하게 살게 된 것은 미국에 가서부터다. 아버지는 중학교 때 단거리 육상선수로 활동했을 만큼 건강하셨다. 아버지 체질을 물려받은 여동생과 첫째, 둘째 남동생은 건강했지만 나와 막냇동생은 어머니의 체력을 물려받았는지 타고난 기본 체력이 허약했다. 잔병치레가 잦아 자주 결석하다보니 우등상보다 개근상이 더 부러웠다.

우리 두 아들 역시 체력 차가 심했다. 큰아들은 남편을 닮아서 건강한데 작은아들은 나를 닮아서 허약했다. 약한 체력으로 경쟁 사회를 살아가는 것이 얼마나 어려운지 잘 알고 있어 작은아들이 몹시 걱정되었다. 그러나 체질을 개선할 방법도 모르고 방법을 찾아볼 시간도 없어서 고민만 하며 몇 년을 허투루 보냈다.

아이들이 어릴 때는 작은아들이 너무 허약해서 건강한 큰아들을 보호자로 묶어 태권도장 등 운동학원에 다니도록 설득하곤 했다. 공부하는 학원은 안 보내도 운동학원은 보내겠다는 것이 내 생각이었다.

내가 지방 방송국에서 일하던 1980년대 원주에는 수영장이 없어 유치원생은 물론 일반 초·중등학생들도 수영을 배울 수가 없었다. 원주뿐 아니라 우리나라 중소도시에는 수영장 같은 문화 체육시설이 전무하다시피 했다. 88 서울 올림픽 유치 성공으로 1980년대 중반에는 지방도시에서도 학교 체육시설을 일반인에게 개방했다. 그에 따라 원주의 유일한 수영장인 원주중학교 교내 수영장이 여름방학에 한해 지역 어린이들에게 개방되었다. 탈의실이나 우천 시 아이들이 피할 수 있는 간이 부속건물도 없이 운동장 한쪽에 달랑 연못 같은 수영장만 파놓은 열악한 시설이었지만, 수영장을 개방한다는 것만으로도 무척 반가웠다.

나는 기뻐서 두 아들에게 수영을 배우면 좋은 점들을 열심히 설명했다. 건강한 큰아들은 즉각 수영을 배우겠다고 했다. 그러나 허약한 작은아들은 쭈뼛대며 엄마와 형의 눈치를 살폈다. 큰아들이 동생에게 무슨 재미로 혼자 다니느냐, 나 혼자 수영장 가면 너는 아주머니하고 집에 있어야 한다, 그러니 함께 다니자며 꾀었다. 큰아들의 설득에 마침내 작은아들이 승낙했다. 그러나 다섯 살, 여섯 살로 유치원에 다니는 두 아들에게는 여름방학이 있었지만, 직장에 다니는 나에게는 여름방학이 있을 리 없었다. 집에서 원주중학교 수영장까지 가는 시내버스 노선도 없었다. 우리는 주말부부였고, 남편은 외지에서 일하면서 근무 일정이 불규칙해 격주로 집에 오는 상황이었다. 시내버스 노선이 없으니 가사 도우미에게 아이들을 수영장에 데리고 다니라고 할 수도 없었다.

결국 내가 직접 두 아들을 수영장에 데려다주고 데려올 수밖에 없었다. 다행히 방송국의 아나운서는 교대 근무를 해 선후배들과 의논해 근무 시간표를 조정하고, 그래도 시간을 낼 수 없는 날에는 후배와 잠시만 근무 시간을 바꾸면 가능할 것 같았다. 후배에게 그런 사정을 설명하니 협조해줄 수 있다고 했다. 그러나 나는 다른 엄마들처럼 두 아들이 수영을 배울 동안 곁에서 대기하고 있을 수가 없었다. 아이들이 너무 어려서 수영복을 갈아입는 것이 용이하지 않으니 도와준다거나 갑자기 비가 내려 기온이 떨어지면 보온병에 넣어간 더운 음식을 먹여 체온을 유지시켜주는 등의 수발을 전혀 들어줄 수 없었던 것이다. 내가 할 수 있는 일이란 두 아들을 원주중학교 교문 앞까지 승용차로 데려다주었다가 수업이 끝난 뒤 아이들이 옷 갈아입고 교문 앞에 나와 있으면 다시 태우고 집에서 기다리는 도우미 아주머니에게 넘기는 일뿐이었다.

두 아들은 맞벌이 엄마에게서 태어나 어릴 때부터 다른 친구들처럼 엄마가 곁에서 챙겨주는 서비스를 받아본 적이 없어 엄마가 최소한의 역할만 해주는 것에도 별로 불만이 없었다. 그런데 무덥던 날씨에 갑자기 하늘이 시커먼 먹구름으로 뒤덮이더니 이내 굵은 소낙비가 무섭게 퍼부었다. 원래 허약한 체질의 작은아들은 한여름에도 기온이 조금만 내려가면 긴팔 옷을 입거나 담요 같은 것을 덮어야 떨지 않을 만큼 추위에 약했다. 그래서 나는 항상 건강한 큰아들에게 동생 잘 돌보라고 당부하고는 비상시에 대처할 담요나 두꺼운 옷 등을 들려 보냈다. 그러나 이날은 겨우 한 살 위인 큰아들로서도 속수무책이었다.

나를 보자마자 큰아들은 자신이 동생을 위해 뭔가 해주려고 했지만 잘 안 되었다며 울먹이면서 옆에 계신 다른 아이 엄마가 작은아들이 오들오들 떨면서 파랗게 변하자 보온병에서 따뜻한 수프를 따라 먹이고 마른 수건으로 감싸서 체온을 유지시켜주었다고 설명했다. 자기가 간신히 동생의 수영복을 벗기고 마른 옷을 꺼내 갈아입히려고 했는데, 그만 그 옷도 소나기에 젖어 속수무책이었다며 나중에는 엉엉 울었다. 우리 아이들을 도와준 그 엄마는 나를 보자마자 "계모세요?"라고 다그쳤다. 듣기 민망했지만 잔뜩 주눅 들어, 나는 모기만 한 소리로 "죄송합니다"라고 말하며 고개를 조아렸다. 아들 또래 아이의 엄마였다. 평소에 대화를 나눈 적이 전혀 없는데도 나는 그녀의 다그침에 머리를 조아리며 계모 소리를 들어도 싸다는 생각을 해야 했다. 큰아들을 달래면서 계모냐고 외친 분과 눈을 맞추며 다시 한 번 고맙다는 인사를 했다. 그분도 웃으면서 "얼마나 바쁜지 몰라도 엄마가 옆에 없어서 오늘 애 잡을 뻔했어요"라는 말로 나를 위로했다.

그 시절 우리나라 엄마들은 엄마라면 자식을 이 정도는 돌봐주어야 한다는 기준이 강했다. 나처럼 아이들을 떼어놓고 위기에 내몰리게 하는 엄마는 대개『콩쥐 팥쥐』나『신데렐라』에 나오는 못된 계모 정도로 취급했다. 집안 청소와 요리 등 살림살이는 잘 못해도 남들에게 공개되지 않지만 육아 능력은 낱낱이 공개된다. 아이들이 서너 살만 되면 또래들과 유치원, 수영, 미술, 태권도, 기악 학원 등에 다녀야 한다. 그러다 보면 다른 엄마들을 만나게 되는데, 서로 다른 엄마들은 아이를 얼마나 잘 돌보는지 관찰하고 평가한다. 당시 엄마들은 전통적인 육아 방법을 기준으로 육아 능력의 등급을 매기고 평가했다. 기준은 전업주부들이었다. 맞벌이인 나는 당연히 주변 엄마들에게 낮은 등급을 받을 수밖에 없었다. 등급이 낮으니 주변 엄마들에게 민망하고 쩔쩔매야 할 때가 많았다.

갑작스러운 소나기 때문에 빚어진 그날의 사건은 맞벌이하면서도 늘 당당하던 나를 많이 위축시켰다. 그러나 당장 직장을 그만두고 전업주부가 되어 아이들을 잘 보살펴야 한다는 결심까지 하게 만들지는 못했다. 앞에서 설명했듯, 나는 살림을 잘할 자신이 없어서 살림에 전념하는 전업주부가 된다는 생각을 해본 적이 없었기 때문일 것이다. 게다가 그날 처음 계모 소리를 들은 것이 아니어서 직장을 그만둘 만큼 마음이 약하지도 않았다.

나에게 처음으로 계모냐고 물은 사람은 우리 집에 입주해 영아기의 큰

아들을 길러준 가사 도우미였다. 나는 결혼 후 전혀 연고가 없는 원주에서 첫 아들을 출산하게 돼, 출산 전에 사방으로 수소문해 입주 가사 도우미를 찾았다. 어렵사리 시어머니께서 한 분을 구해주셨다. 예순 살쯤 되는 분이었는데, 결혼한 외아들 부부와 의견이 맞지 않아 입주 가사 도우미 일을 찾는다고 했다. 그런데 이 아주머니는 연세에 걸맞지 않게 에너지가 넘쳤다. 그 덕분에 영아기의 아들과 잘 놀아주셨다. 그런데 아기를 너무 좋아해 매일 안고 흔들어 아기가 누구에게나 안고 흔들라고 떼를 쓰게 되었다.

나는 사흘에 한 번씩 새벽 5시 뉴스를 진행해야 했다. 고맙게도 도우미 아주머니가 자기는 천성적으로 아기를 좋아하니 자기가 데리고 자도 된다고 하셨다. 아주머니는 아기가 자다가 기저귀가 젖거나 배가 고파서 칭얼거리면 번쩍 안아 들고 마구 흔들며 놀아주셨다. 아기는 여기에 재미가 들려 자다 깨서는 몇 시간씩 노는 습관이 생겼다. 보통 새벽 3시경에 깨어 울곤 했다. 아기는 아주머니가 옆방에서 데리고 주무셨지만 아기 울음소리가 들리면 나도 저절로 잠에서 깼다. 새벽 방송 때문에 다시 잘 수도 없어 수면 부족 상태가 지속되었다.

그러던 중에 아주머니가 아들처럼 키우던 조카가 결혼한다며 일주일간 휴가를 달라고 하셨다. 아주머니 휴가 기간 동안 파출부를 부르고 아기는 내가 데리고 잤다. 그런데 아기가 새벽 3시만 되면 깨서는 놀아달라고 보챘다. 놀아주다보면 출근 시간이 임박했다. 그런 날은 밤을 꼴딱 새우고 새벽에 출근해야 했다. 내가 나가는 시간에 맞춰 출근하신 파출부 아주머니에게 아기를 넘기고 출근하다가 어지럼증으로 뉴스를 제대로 못하게 될까봐 걱정이 태산이었다. 무슨 조치를 취해야지 이대로는 안 될 것 같았다. 나는 육아에 어려움이 닥치면 방송에서 만난 전문가들에게 전화로 물어 해결하기 시작했다. 자다 깨서 놀아달라고 떼쓰는 문제도 내 라디오 방송 프로그램 단골 연사 중 한 분인 아동심리학과 교수님께 자문을 구했다. 교수님의 조언은 이랬다.

어린 아기들은 상대방의 기선을 제압하려는 동물적 본능이 시퍼렇게 살아 있다. 어른도 경쟁 대상이다. 자식이 아직 어리다고 여겨 부모가 기싸움을 우습게 알다가 밀리면 동물적으로 괴롭힐 수 있다. 그러니 아기가 늦은 밤에 자다 깨어 보채더라도 못 본 척하고 울다 지치도록 두라고 하셨다. 또한 아기는 이미 자다 깨면 누군가가 자신을 달래줄 거라고 기대하고 있어 어른이 안아줄 때까지 끈덕지게 울면 자기 요구가 받아들여질 거라 믿기 때문에 아주 오래 울 거라고 했다. 너무 많이 울어 숨이 멈추는 것 같은 불안한 소리를 낼 수도 있다고 했다. 그러나 아기는 어른보다 생존 본능이 강해 죽을 정도로 울지는 않는다면서 독하게 마음먹고 아기가 스스로 울음을 그칠 때까지 절대로 아는 척하지 말고 기다리라고 하셨다.

그러나 겨우 3~4개월밖에 안 된 영아가 숨넘어가듯 우는데도 부모가 못 본 척하기는 정말 괴로운 일이었다. 당시 직장에서는 '저 아줌마가 일을 얼마나 잘하나 보자'며 다들 주시하고 있어서, 만약 내가 작은 실수만 해도 누군가는 '아줌마가 그렇지 뭐'라는 눈초리로 한심하게 바라보았다. 아줌마가 사무실 왔다 갔다 하는 것 보기 싫으니 스스로 모멸감을 느껴 그만두라는 일종의 신호처럼 느껴질 정도였다. 그래서 나는 직장에서 "아줌마가 그렇지 뭐"라는 말을 듣는 것이 "계모 아니세요?"라는 말을 듣는 것보다 훨씬 두려웠다.

그런 보이지 않는 압박 덕분에 나는 독해져서 어린 아들이 숨넘어가듯 우는데도 내버려둘 수 있었다. 괴롭지만 참고 버텼더니 그 밤 안으론 절대 그칠 것 같지 않던 우렁찬 울음소리가 한 시간 정도 지난 후부터 잦아들더니 다시 숨넘어가는 소리가 나고 그래도 방치하자 아기는 이내 잠들어버렸다. 그러고는 다음 날 아무 일 없었다는 듯 잠에서 깨어 방긋거렸다. 신기한 체험이었다. 이날의 체험은 훗날 두 아들이 출근을 말리며 떼쓸 때도 흔들리지 않을 수 있는 힘이 되어주었다. 이것은 아이를 키울 때 부모 자식 간 대화의 원칙이 되기도 했다. 사소한 것은 자식들의 의견을 받아주지만, 엄마가 세운 원칙은 아이가 죽을힘을 다해 떼를 써도 절대 흔들리지 말라는 것이다.

불필요한 장난감을 사달라는 요구부터 남의 물건을 탐내거나 남에게 폐를 끼치는 일까지 자기 관리의 기본을 지키지 않으면 들어주지 않고 내가 세운 원칙대로 벌을 주기로 했다. 나중에 어떤 책을 통해 자식은 부모가 등대처럼 흔들리지 않는 지표가 되어주기를 바란다는 글을 읽은 적이 있다. 나는 계모 소리까지 들어가며 나에게 닥친 어려움을 극복하던 중에 자식에게 등대가 될 수 있는 기본 능력을 얻은 셈이었다. 그것은 두 아들의 도덕관과 가치관 형성에 튼튼한 주춧돌이 되어주었다.

03

그럼 우리 애들이
잠재적 비행 청소년인가?

"내가 애들 데리고 살짝 저 방으로 들어갈 테니 애들 안 볼 때 조용히 나가."

입주 도우미 아주머니가 말했다.

나는 미안했지만, 아주머니한테 부탁했다.

"그건 애들을 속이는 거잖아요. 어린애들도 그런 식으로 거짓말을 배우면 안 좋을 것 같아요. 정말 죄송한데, 제가 애들 볼 때 나갈 테니 양해 좀 해주세요. 틀림없이 제가 나가면 두 애가 떼를 많이 써서 아주머니가 힘들 줄 알지만 저에게 한 달만 시간을 주세요. 한 달이 지나도 애들이 지금처럼 떼를 많이 쓰면 아주머니 말씀대로 할게요. 제 생각에는 애들이 익숙해지면 오히려 떼를 덜 쓸 것 같거든요."

아주머니는 자기가 기껏 생각해낸 기발한 아이디어가 묵살당해 노골적으로 언짢은 표정을 지었다.

"엄마가 그렇게 하겠다니 하는 수 없지 뭐."

아주머니 입이 비죽 나온 것이 보였다.

엄마 얼굴을 알아보기 시작하자 두 아들은 내 출근을 맹렬히 말렸다. 연년생인 두 아들이 함께 떼를 써 아침이 요란했다. 딱 하루 그런 경험을 해본 도우미 아주머니가 나에게 애들이 안 볼 때 출근하라는 묘안을 제안했다. 그러나 나는 아무리 어려도 아이들은 어른의 사소한 언행도 세밀하게 관찰해서 그대로 배우는 뛰어난 관찰 학습자라는 이론을 접한 후, 그런 거짓말을 하지 않기로 했다. 그래서 당당하게 아주머니의 제안을 거절했다.

아주머니는 평소에도 내가 자식들에게 냉정하다며 불평했고, 자기 기준보다 좀 심하다 싶으면 아이들의 친엄마 맞는지 의심스럽다는 농담까지 하셨다. 그래서 내가 아기들이 안 볼 때 출근할 수 없다고 말하자 더 이상 우기지 않으셨다. 그 대신 나에게 들릴 정도로 "뭐 그렇게까지 고집을 부려?"라고 불평을 했다. 나는 못 들은 척하고 아주머니 치맛자락을 잡고 있는 큰아들과 아주머니 품에 안겨 있는 작은아들에게 다가가 "얘들아, 엄마 출근한다. 아주머니 말씀 잘 듣고 떼쓰지 말고 잘 놀고 있어"라고 말했다. 두 아들은 내 말이 끝나기도 전에 마구 울면서 "엄마 가지 마세요"를 외쳤다. 큰아들은 아예 내 옷자락을 붙잡고 놓지 않을 기세였다. 그토록 애절하게 출근을 말리는 아이들을 외면하기란 쉽지 않았다. 그러나 나는 이미 큰아들이 밤마다 자다 깨서 울며 놀아달라던 버릇을 고친 경험이 있어 흔들리지 않았다. 그래서 조금 더 엄격한 목소리로 "엄마가 너희하고 노는 게 귀찮아서 떼놓고 혼자 놀러 가는 게 아니야. 엄마도 집에서 너희와 놀고 싶어. 그렇지만 엄마에게는 꼭 해야 하는 일이 있어. 너희도 너희끼리 놀아야 재미있을 때가 있는 것과 같아"라고 말했다. 두 아들은 엄마의 그 어떤 설명도 듣지 않겠다는 듯 무조건 "엄마 가지 마세요"만 외쳤다. 그러나 내가 자기들의 떼쓰는 소리에 눌리지 않고 출근해야 하는 이유를 반복적으로 낮은 목소리로 힘 있게 설명하자 조금씩 떼를 덜 쓰기 시작했다. 그런 틈을 타서 대문 밖으로 나왔다. 내가 나가면 두 녀석이 더 힘차게 울며 저항해 아주머니께서 꽤나 힘들 것 같아 미안했다.

사람은 습관의 동물이다. 그토록 열렬하게 엄마의 출근을 저지하던 두 아들은 초등학교 3학년쯤 되자 내가 가끔 "회사 그만둘까?"라고 물으면 손사래를 치며 "그냥 다니세요"라고 합창을 했다. 오히려 자기들끼리 놀 때 엄마의 간섭을 받지 않아 좋다는 것을 알아차린 것 같았다. 다른 집 애들이 엄마에게 공부하라는 잔소리 듣는 것을 보고, 자기들은 사용한 물건 잘 치우라는 아주머니의 잔소리만 듣는 게 더 낫다고 판단했을 수도 있다. 나는 가끔 그렇게 말하는 두 아들의 태도에 엄마로서의 존재감이 낮아진 것 같아 섭섭했다. 그러나 다른 한편으로는 두 아들이 그렇게 말해준 덕분에 거의 평생 아이들 걱정에서 놓여나 사회생활과 가사를 병행할 수 있었다. 물론 두 아들과 달리 사회는 나를 마음 편히 일하게 놔두지 않았다.

1980년대에는 유난히 비행 청소년 문제가 언론에 자주 보도되었다. 1980년대에 들어선 신군부 정권은 각종 규제를 강화하고 3S, 즉 Speed, Sex, Screen으로 대중을 오락에 빠지게 해서 정치적 관심을 차단하려는 분위기를 조성했다. 그 바람을 타고 미국 할리우드의 폭력과 섹스를 거칠게 묘사한 B급 영화들이 밀려들어왔다. 사회현상이란 여러 변수에 의해 달라지기 때문에 꼭 그것만이 이유라고 할 수는 없지만, 이 무렵에 갑자기 청소년들의 탈선이 사회문제로 급부상한 것은 사실이다. 청소년 비행 문제가 뉴스에서 차지하는 비중이 점차 커졌다. 비행 청소년 문제와 관련된 내용이 대체로 문제 청소년들은 결손 가정과 맞벌이 가정이라는 논조여서 뉴스를 진행해야 하는 내 입장에서는 많이 불편했다.

당시 '열쇠보이'라는 별칭도 있었다. 맞벌이 엄마가 낮에 하교하는 자식들의 목에 열쇠를 걸어주어 혼자 문 따고 집에 들어가는 아이, 즉 맞벌이 자녀를 지칭하는 용어였다. 당시에는 디지털 기술이 발달하지 않아 대부분 현관문을 열쇠로 열어야 했다. 두 아들이 초등학생이 되자 입주 도우미 대신 주 2회 출퇴근하는 도우미로 교체했다. 그때부터 두 아들은 현관

열쇠를 목에 걸고 학교에 다녔다. 그래서 우리 아이들은 스스로를 '열쇠보이'라고 불렀다. 그런 상황이어서 '열쇠보이'가 청소년 비행의 주요 원인인 것처럼 보도하는 뉴스가 있는 날이면 나도 모르게 '그럼 우리 아이들이 잠재적 비행 청소년이야?'라는 생각을 하지 않을 수 없었다. 지금이야 이런 말이 아득히 먼 옛날이야기로 들리지만 불과 30여 년 전의 일이다.

지금은 맞벌이가 자연스럽게 받아들여지지만 IMF 위기 이전인 1990년대 초·중반까지만 해도 맞벌이하는 여성을 사회에서 썩 좋아하지 않았다. 심지어 맞벌이 엄마는 자기 욕심 때문에 자식 팽개치고 돈벌이나 하는 나쁜 사람으로 묘사되곤 했다. 그래서 맞벌이의 자녀가 잠재 비행 청소년 취급을 당해도 별다른 이의 제기를 할 수 없었다. 사회 분위기가 그렇다보니 친한 이웃이나 친인척, 보수적인 성격의 동료 또는 연세가 좀 드신 직장 상사들은 "자식들 비행 청소년 만들려고 남의 손에 맡겨 키우나?"라는 말을 애정을 담아 서슴없이 하곤 했다.

맞벌이인 나는 두 아들이 다니는 학교의 학부모회의에도 비번인 날에만 나갈 수 있어 자주 참석하지 못했다. 그렇다보니 늘 참석하는 엄마들과 서먹하고 학교를 위해 해야 할 일도 몰라 전업주부 엄마들의 싸늘한 눈초리가 등 뒤에서 느껴지곤 했다. 두 아들이 학년이 올라가 학부모회의 분위기를 대강 눈치챈 후로는 커튼 빨아오기 등 전업주부 엄마들이 기피하는 학급의 궂은일을 자진해서 맡았다. 그러면서 엄마들의 경계심을 허물려고 노력했다. 그러나 내가 당당해야 두 아들도 당당하게 자란다는 중심 가치는 흔들지 않으려고 노력했다. 내가 떳떳하니 누구에게도 내가 맞벌이임을 미안해할 필요가 없다고 믿었다. 그래서 '나는 내 자식을 냉정하게 대해도 친엄마임에 틀림없으니 계모 같다는 비난에도 흔들리지 않겠다고 굳게 마음먹고 부모 노릇의 기본 원칙을 확고히 했다.

그런 신념이 나중에 두 아들을 데리고 미국에 가서 공부하며 만난 유대인 엄마들의 육아 방식과 많이 다르지 않다는 것을 확인하게 되었다. 그러나 당시에는 나를 아끼는 지인일수록 "꽉 막혔다", "현실을 너무 모른다", "저러다 애들 망칠 거다" 등의 애정 어린 조언을 해주었고, 때로는 생각을 바꾸라고 협박조로 충고하는 경우도 많았다. 그럴 때마다 마음이 흔들린 것이 사실이다. 그러나 남다른 가정환경의 변화들, 맞벌이로 인한 차별을 견디며 맷집을 키운 덕분에 중심을 잃지 않고 버틸 수 있었다. 나에게 애들 뒷바라지가 맞벌이보다 중요하다고 역설하며 회사에 사표를 낸 몇몇 엄마들이 나중에 자식 농사에 좋은 성과를 거두지 못하자 대부분 소식을 끊었다. 간혹 소문으로 그들의 근황을 들으면, 인생에는 편집이 없으니 한번 해보고 안 좋다고 다시 해볼 수 있는 것이 아닌데, 나는 아버지를 통해 예행연습을 해서 다행이라고 여기곤 한다.

최근 한 초청 강연회에서 강의가 끝난 후 한 엄마가 조용히 다가왔다.

"저는 초등학교 3학년 어린 딸을 학원에서 학원으로 돌리고 싶지 않은데 어쩔 수 없이 그러고 있어요. 저희 딸도 선생님의 작은아들처럼 허약 체질이거든요. 그래서 다른 집 애들보다 학원에 많이 보내지 않는데도 아이가 너무 힘들어해요. 한 군데 정도 줄였으면 좋겠는데 환경 때문에 힘드네요. 시어머니께서 자손들 공부 욕심이 많아 그런 말이 통하지 않거든요. 제가 그런 말 하면 시어머니는 물론 시누이들까지 저를 자식한테 무관심한 한심한 엄마 취급 하세요. 물론 아이 친구들 엄마들도 마찬가지고요. 요새는 엄마가 다른 아이들의 엄마에게 찍히면 그 집 애들이 우리 애까지 무시한다는데, 그것도 걱정이고요."

나는 그 엄마가 무슨 해답을 구하는지 잘 몰라 자존심 상하지 않는 범위에서 답변할 수밖에 없었다.

"들어보니 어머님이 답을 잘 알고 계시네요. 실행만 하시면 되겠어요. 실행은 남이 대신 해줄 수 없어요. 남이 나 대신 살아주는 것이 아니니 용기를 내세요."

그러자 그 엄마는 "그런데 실행에 옮기기가 어려워서……"라며 고백하기 시작했다. 나는 그녀가 속마음을 편하게 털어놓도록 질문을 했다. 그래서 "혹시 남편이 아이 학원 줄이는 걸 반대하세요?"라고 물었다. 그러고는 "요즘에는 엄마보다 아빠가 아이를 학원에 더 많이 보내기를 원하는 가정이 조금씩 늘어나는 것 같더라고요"라고 덧붙였다. 학창 시절 학원에 많이 다닌 덕분에 명문대 나와 좋은 직장을 가진 일부 아빠들의 새로운 트렌드라고 들은 적이 있어서였다. 그녀는 고개를 가로저으며 털어놓았다. "남편은 저와 생각이 같은데, 근처에 사는 시어머니와 시누이들이 반대하고 있어요. 남편 형제들은 학원에 많이 다녀 모두 성공했거든요. 시어머니는 학원을 과도하게 신뢰해요. 그래서 손주들도 모두 그렇게 키우길 바라세요. 부동산 부자인 시어머니께서 모든 손주의 학원비를 대주시고 학원도 직접 골라주세요. 시누이와 시어머니는 무조건 학원이나 과외에 의존하는 편이어서 딸아이 학원 줄이겠다는 말을 꺼낼 수조차 없어요." 그녀는 소신에 따라 딸의 학원 문제를 결정할 수 없는 이유를 아주 길게 설명했다.

나는 그녀의 모습에서 우리나라 엄마들은 부모로부터 자립적으로 자라지 못해 일가를 꾸리고도 부모 의존도가 높다는 것을 실감할 수 있었다. 그러나 내색하지 않고 "남편에게 시어머니를 설득해보라고 부탁하지 그래요?"라고 말했다. 그녀는 "남편은 어머니와 갈등 생길까봐 너무 무서워해요. 어머니께 말씀드리면 골치 아픈 일이 생길 테니 저더러 그냥 참으래요"라고 말하며 긴 한숨을 쉬었다. 나는 이미 결론을 내려놓고 자기 결정에 지지를 받으려는 그녀에게 더 이상 아무 말도 소용없을 것 같아 "많이 속상하시겠어요. 어쨌든 자식 문제를 엄마 이상으로 결정해줄 사람은 없어요"라는 말로 답변을 마무리 짓고 자리를 떠났다.

그러나 솔직히 말하자면 "당신이 그 애 엄마니까 시어머니에게 당당히 우리 딸 ○○학원은 그만 보내고 싶어요"라고 말씀드리라고 충고하고 싶었다. 만약 그 말을 듣고 시어머니가 화나서 학원비 지원을 한 푼도 안 하겠다고 하더라도 불안해하지 말고 정중하게 "괜찮습니다. 그동안의 지원에 감사드립니다. 이제부터는 저희가 알아서 해결하겠습니다"라고 말할 용기를 내라고 격려해주고 싶었다. 무슨 큰일이라도 날 것 같지만 시어머니가 포기하면 오히려 딸에게 시간 여유가 생겨 더 낫지 않을까.

아이들은 타고난 에너지가 많아 잠시도 가만히 있지 못한다. 그래서 놀게 해주면 자연스럽게 창의성이 길러진다. 체력이 약해도 체력의 한계 내에서 뭔가 새로운 것을 찾으려고 끊임없이 움직이는 것이 아이들의 본성이다. 스티브 잡스나 빌 게이츠, 마크 저커버그 같은 인재들은 부모가 어릴 때부터 실컷 놀게 해주어 엉뚱한 생각을 실행해보고 기발한 창의성을 가져 크게 성공했다. 물론 나는 학원 무용론자는 아니다. 아이가 정말로 배우고 싶어 하고 본인이 절실히 하고 싶어 하는 것이 있다면 좋은 학원을 선택해 체계적으로 공부하게 해야 그 분야의 전문가로 성장할 수 있다. 그러나 아이의 적성을 무시하고 부모나 조부모가 이것저것 무조건 다 배우게 하면 오히려 부작용을 초래할 수 있다는 것이다.

물론 나도 연년생 두 아들을 둔 대한민국의 평범한 엄마다. 여자로 태어나 엄마가 되면 원하건 원하지 않건 자식의 미래에 대해 불안하고 이를 밝혀줄 해답을 찾고 싶은 본능이 발동한다. 그래서 자신을 희생해서라도 자식을 다른 집 자식보다 잘 키울 방법들을 모색하게 된다. 나도 그런 본능이 없었던 것은 아니다. 다만 아버지께서 자식을 남다르게 잘 키우려는 지나친 욕심으로 장남의 양육에 처절하게 실패한 과정을 지켜보고 그 여파를 몸과 마음으로 직접 겪었기에, 부모의 지나친 욕심이나 희생을 불사하는 뒷바라지가 반드시 자식을 잘 키우는 힘이 되지는 않는다는 확신을 갖게 되었다.

그러므로 나는 맞벌이 엄마들이 자식 뒷바라지에 미흡하다고 너무 미안해서 오히려 자식들이 엄마의 일에 자부심을 갖지 못하는 일이 없기를 바란다. 또한 다른 집 아이가 다닌다고 무조건 모든 학원에 보내느라 경제적, 정신적으로 고통받지 말고 소신대로 자식을 키우는 것이 더 현명한 방법이라는 확신을 갖기 바란다.

04

혼자 일어설 때까지
기다려주세요

막 돌 지난 아들과 한 달 뒤에 태어난 둘째, 이렇게 연년생 두 아들을 낳고도 계속 직장에 다니자 많은 사람이 대놓고 노골적으로 눈총을 주었다.

가장 마음 아팠던 일은 매일 새벽 3시경에 깨어 보채던 큰아들의 잠버릇을 겨우 고쳤는데 도우미 아주머니가 휴가에서 복귀하자마자 곧바로 무산된 일이었다. 도우미 아주머니가 돌아오자마자 큰아들은 마치 모든 상황을 꿰뚫고 있다는 듯 첫날 밤부터 어김없이 새벽 3시경에 깨어 울며 보챘다. 그러면 아주머니는 변함없이 아기를 안고 흔들어 달래며 놀아주셨다. 그러나 나는 지난 며칠간 죽을힘을 다해 겨우 버릇을 고쳐놓았는데 그것이 헛수고로 돌아가는 것 같아 여간 속상하지 않았다. 물론 아주머니가 아들이 자다 깼는데도 귀찮아하지 않고 잘 놀아주어 감사하고 또 감사했다. 그러나 육아로 어려움을 겪을 때마다 조언해주신 교수님은 매번 부모가 아기와의 기 싸움에 휘둘리면 안 된다고 충고하셨고 나 역시 그 의견에 전적으로 동감했다.

나는 이미 동생들이 유치원 및 초등학교 저학년 때 어머니를 여의고 딱히 보살펴줄 사람이 없이 각자 알아서 컸지만, 주변에서 부모의 보살핌을 많이 받으며 자란 애들보다 더 성공하고 더 반듯하게 자라 교수님의 조언에 대한 믿음이 확고했다. 아버지는 큰아들을 너무 엄격하게 키우려다 망친 이후 양육 태도를 약간 수정해 지나치게 강요하지 않고 공부할 분위기만 만들어주셨다. 그래서 남은 형제들은 스스로 공부하는 태도를 갖게 되었다.

부모가 모든 면에서 완벽하다면 정말로 좋겠지만 부모 노릇을 배운 적이 없으니 누구도 그런 부모가 되기는 힘들다. 우리 아버지 역시 가장 아끼는 자식을 잃고 나서야 자녀 훈육방법을 바꾸셨다. 비록 아버지 살아생전에는 그 점을 인정하지 못해 계속 아버지를 괴롭혔지만, 내가 자식들을 키워보니 아버지가 나중에 터득한 훈육방법이 옳았음을 인정하게 되었다. 그런 경험이 있어 육아 자문을 해주신 교수님의 가르침은 언제나 큰 용기를 주었다. 그래서 큰아들이 새벽에 깨어 보채는 소리가 들리자 벌떡 일어나 거의 본능적으로 달려가 아주머니에게 내 생각을 단호히 말했다.

"이제부터는 아기가 아무리 보채고 떼를 써도 안아주지 말고 아기가 울음을 그칠 때까지 그냥 두면 좋겠어요. 제가 잘 아는 전문가 교수님이 그렇게 해야 아기가 자다 깨는 버릇을 고칠 수 있대요. 제가 아주머니 휴가 동안 그렇게 했더니 고쳐지더라고요. 아주머니가 이 애를 워낙 예뻐하시니 울게 그냥 두는 게 마음 아프실 거예요. 참기 힘드시면 제 방에서 재울게요."

나는 아주머니의 마음이 다치지 않도록 조심스럽게 한껏 미안한 마음을 담아 말씀드렸다. 그러나 아주머니는 오히려 아기를 너무 오래 울려 내가 잠을 설쳤다고 화를 내는 것으로 받아들인 듯 잔뜩 화난 목소리로 쏘아붙이셨다.

"누가 그런 미친 소리를 해. 이렇게 어린것을 밤새 울게 두라니? 그러다 병이라도 나면 책임진대? 무슨 에미가 그래? 정말 계모가 맞나봐."

그분은 평소에도 조금만 마음에 안 들면 우리 집에서 나가겠다며 보따리를 쌌다 풀었다 하셨다. 이날 아주머니의 표정에는 더 이상 마음 상하게 하면 당장 보따리를 싸겠다는 결연한 의지가 역력했다. 결국 심기를 더 건드리면 진짜로 짐 싸서 나갈 것 같아 슬그머니 물러서지 않을 수 없었다.

그러나 내 방으로 건너와서도 잠들지 못하고 많은 생각을 하게 되었다. 그러던 중 문득 왜 그토록 많은 아기 엄마들과 할머니들이 육아 문제로 다투는지 이해되었다. 나 같은 육아 철학을 가진 아기 엄마가 도우미 아주머니 같은 전통적 육아 상식을 가진 할머니에게 아기를 맡기고 출근해야 한다면 갈등이 생기지 않을 수 없겠다 싶었다. 시중에 육아 지침서들이 많이 쏟아져나오지만 아직은 이론 중심이어서 실제 상황에 들어맞지 않는 경우가 많았다. 아기를 키운 경험이 많은 할머니 입장에서는 그런 이론을 앞세워 아기에게 이렇게 해달라 저렇게 해달라 요구하는 며느리의 태도가 마음에 들 리 없을 것이다.

2000년대 이후 거의 매일 인간의 뇌와 심리에 대한 새로운 연구들이 쏟아져나왔다. 따라서 그를 바탕으로 한 과학적인 육아서들이 많아졌다. 아기 엄마 입장에는 할머니들의 경험 중심 육아법이 불안할 수밖에 없다. 그러나 친정어머니건 시어머니건 할머니에게 아기를 맡기고 맞벌이를 해야 하는 엄마라면 자신이 아쉬운 입장임을 백번 인정하고 할머니의 마음이 상하지 않도록 설득해서 조금씩 최신 육아법을 받아들이게 하는 것이 현명할 것이다. 대화 전문가로서 충고하자면 어르신을 설득할 때는 어르신의 방법이 구식이라는 뉘앙스의 말은 절대적으로 피해야 한다. 사람은 나이가 들수록 자신이 구식으로 취급받는 것을 죽도록 싫어한다. 다행히 할머니들은 본능적으로 손주들을 자식보다 더 애틋하게 여긴다. 엄마가 할머니에게 아기를 맡기면서 최신 육아법을 받아들이도록 설득하려면 이러이러한 점에서 손주에게 좋다고 객관적 근거를 들어 자세히 설명하고, 그것을 받아들일지 말지 할머니가 결정하도록 해야 한다. 아마도 대부분의 할머니들은 아기 엄마의 주장이 옳다고 느껴서가 아니라 손주가 잘된다는 말에 솔깃해 결국 받아들일 것이다. 나는 두 아들이 아기였을 때 친정어머니는 안 계시고 시어머니는 육아를 맡아주실 형편이 못 돼 도우미 아주머니에게 의존해야 하는 상황이어서 오히려 내 생각을 설득하기가 어려웠다. 결국 도우미 아주머니가 교체된 뒤에 아기들의 버릇 고치기에 주력했다.

입주 도우미는 둘째가 태어나자 연년생 남자아이는 돌볼 수 없다면서 아들 부부가 사는 인천으로 가셨다. 그동안 원주에 살며 알게 된 지인들의 도움으로 야간고등학교를 졸업하고 가사를 돕던 스무 살 여성을 집에 들였다. 추천하신 분이 그녀가 천성적으로 아기를 좋아하고 집안일을 하며 학교에 다녔다고 해 마음이 놓였다. 그러나 아직 나이가 어리고 사회생활 경험도 적어 아기들과 놀아주고 가사 일은 사소한 것만 처리하는 조건이었다. 어려운 집안일은 주 2회 출퇴근하는 도우미에게 맡기고 그때그때 필요한 일들은 내가 퇴근 후나 비번 날에 처리했다. 이전에 비해 내할 일이 많아졌지만 젊은 사람에게 아기를 맡기니 내가 원하는 대로 자립심을 길러줄 수 있는 장점이 있었다.

다행히 그때 막 여성단체 등이 나서서 맞벌이 여성을 위한 아기 돌봐주기 운동을 벌였다. YWCA에서 맞벌이 엄마들을 위한 유아원을 열었다. 입학 자격은 첫돌이 지나고 대소변을 가리는 수준이면 되었다. 나는 이 유아원 개원 소식이 너무나 반가웠다. 마침 YWCA 건물이 집에서 도

보로 5분 거리여서 아직 기저귀를 차고 있던 작은아들과 막 기저귀를 뗀 큰아들을 함께 입학시켰다. 작은아들은 체력이 약해 아직 기저귀를 차고 다녔지만 같이 다닐 형이 있고 도우미가 곁에서 지켜보겠다는 조건으로 입학 허가를 받았다. 그렇게 해서 오후 3시까지는 두 아이 모두 또래 친구들과 놀고 도우미는 아이들이 공부하는 방 한쪽에서 다른 엄마들과 함께 지켜보다가 우리 애들이 화장실에 가야 하거나 넘어지는 등 개별적인 손길이 필요할 때만 돌봐주었다. 나는 젊은 도우미에게 아이들이 넘어지면 다쳤는지 먼저 살피고 많이 다쳤을 때는 얼른 처치해야 하니 재빨리 병원에 데려가고, 그렇지 않으면 자기가 알아서 일어설 때까지 도와주지 말고 기다리라고 일러두었다. 얼른 달려가서 일으켜주면 아기들을 돕는 것이 아니라 혼자 일어설 힘을 키울 수 없게 만들 뿐이다.

어느 날 유아원 학부모회의에 참석해 담당 보육교사들을 만났다. 우리 아이를 담당하는 교사가 나에게 "며칠 전 작은애가 기저귀에 오줌을 싸고 창피한지 많이 울었어요. 형이 곁에서 달래주었지만 소용없었어요"라면서 도우미가 애들만 교실에 밀어넣고 곧바로 자리를 비워 선생님들이 힘들었고 말했다. 나는 웬만하면 아이 혼자 해결하게 두라고 일러두어서 그런 모양이라고 일단 그녀를 옹호했다. 젊은 나이에 남의 아이를 돌보려니 답답했을 것 같아 한번은 눈감아주기로 했다. 그러나 그런 행동이 되풀이되면 곤란하다고 판단해, 유아원에 아기들만 두고 딴 데 갈 일이 생기면 미리 나한테 말해달라고 조용히 일렀다. 그녀는 몰래 자리를 비운 것을 들켜 민망했던지 그 후로 한 번도 자리 비우겠다는 말을 하지 않았다. 그녀는 아이들과 정이 많이 들어 우리 집을 그만두고 결혼한 후로도 오랫동안 아이들이 보고 싶다며 드나들었다. 아이들도 그녀를 친이모처럼 따랐다. 나는 그녀 덕분에 애들을 자립적으로 키우게 되어 그녀가 매우 고맙다.

내가 미국으로 공부하러 갈 때 큰아들은 중학교 2학년, 작은아들은 중학교 1학년이었다. 미국은 우리나라와 달리 학년의 시작이 9월이어서 아이들이 나를 따라 미국 학교로 전학하려면 6개월을 건너뛰거나 6개월을 한 번 더 다녀야 했다. 큰아들은 어학보다 수리에 강해 영어가 걱정이라면서 6개월을 중복해서 더 다니겠다고 했다. 반면에 어학에 강한 작은아들은 6개월을 건너뛰겠다고 했다. 그렇게 해서 두 아들은 미국 학교에서 같은 학년이 되었다. 그렇다보니 친구들도 모두 같았다. 그래서 동급생들은 두 형제를 조 브러더스라고 불렀다.

그런데 두 아들과 친하게 지내던 미국인 친구 한 명이 우리 집에 놀러와서 나에게 두 아들 흉을 보았다.

"조 브러더스는 자기 침대 정리도 못한대요."

우리는 미국에 건너가서 미시간 주의 작은 도시인 랜싱에서 약 5년간 살았다. 대부분의 미국 부모들은 아이들이 아주 어릴 때부터 정리와 자기 관리 습관을 철저히 길러주고 있었다. 중학생인 아들의 친구들은 자기 침대를 호텔 침대처럼 정리하는 것을 당연하게 여겼다. 초등학교 때도 그렇게 정리했다고 한다. 그 애들과 달리 두 아들은 어릴 때부터 침대를 정리해본 적이 없어 항상 헝클어져 있었다. 우리 집을 방문한 미국인 친구들은 그것을 두고 두 아들을 놀렸다. 나는 나름대로 두 아들을 자립적으로 키운다고 생각했는데 미국 아이들과 비교해보니 어림도 없었다.

프랑스 여행 중에 부모가 어린 자식에게 자립심을 길러주는 현장을 본 적이 있다. 남프랑스의 작은 마을에 있는 식당을 찾았는데, 인근에서 맛집으로 소문난 듯 제법 붐볐다. 나는 문을 열고 들어서자마자 "어머, 아장아장 걷는 아기가 손님 테이블에 물 컵을 나르네. 물을 하나도 쏟지 않고 잘도 나르네" 하며 감탄의 말부터 쏟아냈다. 이제 막 걷는 법을 배운 듯한 갈색 곱슬머리의 아주 어린 사내아이가 식당에서 손님 테이블마다 물 컵을 나르고 있었다. 그때 나는 작은아들과 둘이서 남프랑스를 여행하고 있었다. 우리가 묵은 호텔에 그 동네에서 가장 맛있는 집을 추천해달라고 해서 저녁을 먹으러 간 것이었다. 나는 아이가 너무 대견해 "애가 정말 기특하네. 사진 한 장 찍을까?"라며 카메라를 꺼냈다. 그러자 작은아들이 "엄마, 그건 초상권 침해예요. 함부로 찍지 마세요"라며 말렸다. 서양에서는 초상권을 중요시해 아무 데서나 남의 사진을 찍으면 소송당할 수 있다는 아들의 엄중한 경고가 이어져 결국 사진을 찍지 못했다. 그러나 두고두고 그 애 사진을 찍어오지 못한 것이 아쉬움으로 남았다.

그곳은 젊은 부부가 운영하는 식당이었다. 주인은 단골로 보이는 손님들에게, 어린 장남이 식당 일을 거들겠다고 해서 시켜보았더니 곧잘 하는 것 같은데 그렇지 않느냐고 물었다. 모두들 그렇다고 대답했다. 부모의 표정에는 대견함이 가득했다. 내가 낮은 목소리로 "저 애는 나중에 이 식당 물려받으면 정말로 잘 키울 수 있겠다"라고 말하자, 아들이 "우리 엄마도 실용적 사고방식이 생기셨네요"라며 장난스러운 미소를 지었다. 나도 두 아들에게 나름대로 자립적이고 실용적인 태도를 갖도록 노력했지만 한국 엄마의 타성인 공부 우선주의 정신을 아예 버리지 못했음을 지적하는 따끔한 말이 아닐 수 없었다.

그러나 나는 이제 조금 성숙해졌다. 그래서 자식 공부에 목숨을 거는 엄마들에게 자식의 미래를 밝혀주려면 가족이 운영하는 식당에서 물 컵을 나르든 창고에서 뚝딱거리며 뭔가 만들든 말리지 말고 지켜보라고 자신 있게 말할 수 있다.

05

제가
할게요

"엄마, 제가 할게요."

아이는 아장아장 걷게 되면 혼자서 신발을 신으려고 낑낑댄다. 발이 자꾸만 엉뚱한 데로 삐져나가 도저히 혼자 신을 수 없을 것 같아 지켜보는 엄마는 몹시 답답하다. 출근길에 어린이집에 데려다주어야 하는데, 시간이 너무 지체돼 불안하다. 결국 엄마는 더 이상 참지 못하고 외친다.

"엄마 바빠, 엄마가 해줄게. 빨리 가자."

엄마의 독촉에 아이는 자기 일을 스스로 해결하지 못하고 엄마에게 빼앗겨 못내 섭섭하다. 그러나 엄마는 아이의 그런 기분을 고려할 상황이 아니다. 급히 신발을 신긴 뒤 아이를 번쩍 안고 가서 자동차에 태운다.

"어제도 조금 지각했는데 오늘도 늦으면 큰일 나."

엄마는 아이에게인지 자신에게인지 모를 말을 중얼거린다.

이렇게 자라서 초등학생이 된 아이는 "왜 엄마가 내 준비물 안 챙겨났어?", "엄마가 내 방을 안 치웠잖아?", "엄마, 내 양말 어디 있어?"를 입에 달고 산다. 엄마는 다 큰 딸이 자기 일 하나 처리하지 못한다며 화를 낸다. "내가 네 양말을 어떻게 알아?", "다 큰 게 그것도 알아서 못 챙겨?", "엄마가 준비물 사다 줬으면 가방에는 네 손으로 넣어야지", "네가 방을 그렇게 정신없이 어질러놓으니 필요한 물건을 찾기가 힘들지"라며 소리를 지른다. 그러나 딸은 엄마가 화내는 것에 전혀 신경 쓰지 않는다. 한 귀로 듣고 한 귀로 흘려버린다. 매번 같은 이유로 엄마에게 야단을 맞지만 그 습관 그대로 고등학생이 된다. 여전히 식사를 마친 뒤 식기를 싱크대에 옮기는 것, 자기 물건 제자리에 두는 것조차 할 생각을 안 한다. 누군가의 수발 없이는 살기 어려울 정도다. 그런데도 엄마는 안 한다고 소리 지른 뒤 자기가 모두 처리한다. 나중에는 아예 포기하고 공부만 열심히 하라며 더욱 헌신적으로 뒷바라지한다.

그 덕분인지 아이는 좋은 성적을 거둬 명문대학에 들어간다. 그러나 주변 정리를 전혀 못하는 것은 물론 자기 할 일을 남에게 미루는 생활 습관으로 학교 친구들에게 인성이 나쁜 애로 찍힌다. 어떤 동아리에도 오래 머물지 못하고 변변한 친구도 사귀지 못해 항상 외톨이로 지낸다. 엄마는 자기 딸이 너무 잘나서 다른 애들이 시기하는 거라고 믿으며 대학 재학 중인 딸을 미국으로 유학 보낸다. 미국은 스스로 주변 정리를 못하고 남에게 미루는 사람들에게 지옥과도 같은 곳이다. 딸은 미국에서도 친구들에게 미움을 사 겨우 졸업한 뒤 곧바로 귀국한다. 취업 대신 결혼하지만 도우미를 두고도 집안 관리를 너무 못해 이혼당한다. 엄마는 그런 딸 때문에 너무 골치 아프다며 항상 울상이다. 내 친구 중 한 명의 이야기다.

당신과 무관해 보이는가? 잘 생각해보면 정도의 차이가 있을 뿐 전혀 무관하지 않을 것이다. 왜냐하면 우리나라 엄마들은 대체로 자식들을 필요 이상 챙겨주기 때문이다. 그렇게 챙기고도 다 챙겨주지 못해서 미안하단다.

우리 작은아들은 미국에서 중·고등학교와 대학교를 졸업하고 프랑스로 옮겨가 더 공부했다. 큰아들은 미국에서 대학원까지 마쳤다. 그 나라들에도 학부모들 모임이 많다. 나는 학부모회의에서 다른 엄마들을 많이 만나 그들이 자식을 얼마나 챙겨주는지 살펴볼 수 있었다. 내가 만난 사람들은 대체로 중산층 이상의 교육열이 높은 사람들이었다. 그 나라 국민 전체의 이야기는 아니니 오해하지 말기 바란다.

자식을 성공적으로 키운 외국인 엄마들의 교육법을 우리에게도 귀감이 될 것 같아 소개하려고 한다. 이들은 공통적으로 아무리 위험해도 아기가 알아서 하겠다고 말하면 나서서 챙겨주지 않고 맡긴다. 사전에 위험 요소를 설명해주고 주의를 주는 것이 전부다. 칼질이나 공구 다루기 등 다칠 위험이 있는 일도 아이가 원하면 하도록 놔두고 곁에서 지켜보다가

급박한 상황이 발생하면 민첩하게 나서서 위험을 막아준다. 유치원생들이 집 앞이나 학교 내에서 거목을 타고 오르내리며 놀아도 대체로 말리지 않는다.

그런 외국인 엄마들의 모습을 지켜본 이후, 나는 두 아들을 아기 때부터 알뜰히 챙기지 못한 것을 미안해할 필요가 없다는 확신을 얻었다. 우리나라에서는 주변 엄마들에게서 "애들한테 항상 미안하지요. 제가 바빠서 잘 챙겨주지 못하거든요"라는 말을 참 많이 들었다. 아무개 엄마는 따뜻한 밥 지어서 식사시간에 맞춰 학교까지 도시락을 나르는데 나는 못해서 미안하고, 옆집 엄마는 아이 성장에 필요한 영양가를 계산해서 영양도 풍부하고 보기에도 좋은 간식을 빠뜨리지 않고 만들어주는데 나는 그러지 못해서 미안하단다. 또 어떤 엄마는 족집게 과외선생들을 귀신같이 알아내 아이에게 부족한 과목을 보충하게 하거나 성적을 올리는 데 필요한 자료들을 찾아주는데, 나는 돈도 없고 정보를 모으는 재주도 없어서 그렇게 못하니 자식에게 죄를 지은 기분이란다. 그런 말을 들을 때마다 나도 어쩔 수 없이 '그런 것 챙길 생각조차 안 하는 내가 좀 이상한 엄마인가?'라는 생각이 들어 잠시 주눅이 들곤 했다. 그러나 미국 학부모들을 만난 이후 그렇게 열렬히 뒷바라지해주고도 남보다 덜했다며 미안해하는 엄마가 그리 많은 우리나라에서 빌 게이츠나 스티브 잡스 같은 창의적인 인재가 나오지 않는 이유에 대해 알아볼 필요가 있다는 생각을 했다. 그리고 엄마들이 너무 완벽하게 뒷바라지하려고 애써 자식들이 스스로 하고 싶은 것을 찾을 여유를 잃게 해서는 안 된다는 결론을 얻었다.

두 아들의 미국 고등학교 동창인 제이슨은 음식 알레르기가 무척 심했다. 땅콩, 콩, 고기, 생선을 포함한 거의 모든 단백질 음식을 요리한 적 있는 조리기구, 완성 음식을 담은 적 있는 그릇에 닿기만 해도 그것을 입에 대는 순간 심한 호흡곤란을 일으키는 알레르기를 앓았다. 남의 집 음식은 맹물도 먹을 수 없었다. 그래서인지 바짝 마르고 체구가 작은 편이었다. 그런 제이슨이 큰아들과 친했다. 과목별 우열반을 편성하는 그 학교에서 수학 과목의 가장 높은 반에서 큰아들은 제이슨을 처음 만났다. 이 반은 매년 아이들에게 과학적 사고를 높여주기 위해 학생들이 직접 인근 대기업으로 가서 PT를 하고 설득해서 기금을 지원받아 그 돈으로 직접 기계류를 제작해 시연하는 대회를 열었다. 큰아들과 제이슨은 항상 한 팀으로 이 대회에 참가하곤 했다. 인근에서 가장 큰 도시인 디트로이트의 자동차 회사에서 기금을 받아 손수 전기 자동차를 만들어 경주하는 주 대회에서 공동 우승을 차지한 적도 있다.

나는 우리 아이들이 현지 친구들과 잘 어울리도록 친한 친구들을 종종 집으로 초대해 갈비 파티를 열어주곤 했다. 제이슨은 음식 알레르기가 심해 초대하기가 망설여졌다. 그러나 제이슨은 큰아들과 너무 친해 우리 집의 갈비파티에 빠짐없이 참석했다. 그 대신 음식은 물병까지 집에서 가져왔다. 내가 만든 음식에는 전혀 손을 댈 수가 없었다. 나는 제이슨이

맹물만 마시는 모습을 볼 때마다 그토록 알레르기가 심한 아들을 당시로서는 그 동네에서 아주 낯선 극동아시아에서 온 친구네 파티에 참석하도록 허락한 제이슨 엄마의 배포에 놀라곤 했다. 한국 엄마라면 특이체질의 아들을 자기가 직접 챙겨야 안심할 수 있어 그런 파티에 절대로 보내지 않을 것 같았다. 그러나 제이슨 엄마는 아들에게 음식에 대한 주의사항만 알려주고 파티에 참석해 스스로 알아서 조심하도록 했다.

제이슨은 타고난 수학 천재여서 MIT에 합격해 기숙사로 떠났다. 우리가 살던 미시간 주의 랜싱에서 보스턴에 있는 MIT까지는 비행기로도 서너 시간 걸렸다. 기숙사 생활을 하면 스스로 모든 식사를 포함한 생활을 컨트롤해야 했다.

고등학교 졸업 직전에 제이슨 엄마를 만났다. 그녀는 내가 커뮤니케이션 공부를 한다는 것을 알고 "우리 제이슨이 집을 떠나면 나도 대학원에 들어가 커뮤니케이션을 공부하려고 해요"라고 말했다. 엄마는 아이가 곁에 있는 동안에는 보살펴주지만 떠나면 알아서 살 수 있는 훈련을 끝냈으니 혼자 해결하도록 놔둬도 된다는 말과 같았다.

나는 몇 년 지내는 동안 미국 엄마들의 사고방식을 많이 배워 놀라지 않지만, 미국에 막 도착한 한국 엄마라면 그녀의 말에 많이 놀랐을 것이다. 제이슨은 대학 재학 중에 대학원 학점까지 이수해 4년 만에 대학원 학위를 받고 세계적인 IT 기업에 취업했다가 비슷한 일을 하는 다른 회사 임원으로 자리를 옮겼다. 대학교 재학 중에 사귄 동창과 이른 나이에 결혼해 아이도 세 명을 두었다. 제이슨의 엄마는 자기가 원하던 커뮤니케이션 공부를 마치고 동네 커뮤니티 칼리지에서 강의를 한다고 들었다. 나는 제이슨의 엄마를 통해 엄마의 지나친 뒷바라지는 오히려 자식의 미래 성장에 방해가 된다는 생각을 확고히 할 수 있었다. 내가 아직 사춘기인 고등학생 두 아들을 미국에 두고 혼자 귀국하기로 결단을 내리기까지 제이슨의 엄마가 많은 용기를 주었다. 그녀가 아니었다면 두 아들에게 신용카드만 맡기고 귀국해서 새로운 사업을 벌이지 못했을지도 모른다.

물론 나도 보통의 우리나라 엄마들보다는 독한 편이어서 두 아들이 아기 때부터 "제가 할게요"라고 나서면 스스로 하도록 기다려주었다. 다만 두 아들을 직접 키우지 못하고 도우미 아주머니의 손을 빌려야 해서 아주머니가 대신 처리하는 것까지는 막을 수 없었다. 그 뒤 미국에 와서 현지 엄마들의 육아법을 면밀하게 관찰한 결과 아기는 아장아장 걸을 무렵부터 뭐든지 직접 해보고 싶어 하는데, 그런 의욕을 엄마가 꺾지 않으면 자연스럽게 자기 일은 스스로 처리하는 자립적인 태도를 갖추게 된다는 중요한 깨달음을 얻었다. 유치원생 아이도 엄마가 기다려주면 신발을 직접 신으려고 한다. 단추도 직접 잠그고 싶어 한다. 식탁으로 음식도 나르고 싶어 한다. 엄마가 못미더워 "안 돼, 위험해", "그릇 깨면 큰일 나"라고 외치지 않는 한 즐겁게 해낼 수 있다. 물론 너무 어려서 실수로 그릇을 깨고 음식을 엎을 수도 있다. 그럴 때도 엄마가 "괜찮아, 다시 하면 돼"라고 격려하며 다시 시도할 기회를 주면 아이는 자립심을 키울 수 있다.

어떤 학부모 모임 특강에서, 한 어머니가 질문거리를 들고 다가왔다. 퇴근시간이 들쭉날쭉인 홈쇼핑에서 전화 업무를 맡고 있는 맞벌이 주부라고 자기를 소개했다. 그녀는 초등학생 아들 하나 딸 하나를 두었다. 그러나 가사 도우미를 자주 쓸 형편이 못 돼 일주일에 이틀만 부른다. 따라서 3일간은 애들이 방과 후에 직접 챙겨 먹을 간식과 저녁 식사를 미리 만들어 냉장고에 넣어둔다. 아이들이 식사를 챙겨 먹기는 하는데 전혀 치우지 않아 퇴근하면 집 안이 엉망이다. 옷, 책, 책가방 등 모든 소지품이 사방에 널려 있다. 직장의 업무 강도가 높아 퇴근해서 이런 광경을 보면 화가 나서 아이들에게 소리를 지르며 화풀이를 하게 된다. 옷도 갈아입지 않고 집부터 치운다. 남편은 신생 벤처 기업에 다니는데, 자정 전에 퇴근하는 날이 드물다. 남편이 퇴근하기 전에 집을 정리해놓아야 마음이 놓인다. 그녀의 질문 요지는 아이들에게 화 안 내고 집 안을 치우게 하는 방법이 있는가 하는 거였다.

"당장에 효과를 볼 방법은 없습니다." 이것이 내 대답이었다. 이 엄마의 딱한 사정은 충분히 이해되었다. 그러나 냉정하게 보면 자업자득인 측면도 있었다. 자식들이 "내가 할게요"라고 말하기 시작할 때부터 기다려주지 않았기 때문이다. 아기는 몸 움직임이 어른처럼 잽싸지 못하니 당연히 꾸물거린다. 서툴고 꾸물거려도 그 일을 마칠 때까지 기다려주었다면 지금쯤 능숙하게 집 안을 치울 것이다. 바쁘다며 아이가 꾸물거리는 것을 참지 못하고 대신 해주어 아이들의 머릿속에 이미 이런 일은 자기 일이 아니라고 입력되어 있는 것이다. 어린아이들은 부모가 생각하는 것보다 눈치가 빠르다. 자기가 게으름을 피우거나 꾸물거리는 것을 못 참고 부모가 자기 할 일을 대신 처리하는 상황이 반복되면 모든 일을 부모가 처리하도록 미뤄야 한다는 개념이 머리에 박힌다. 그런 뒤에 자기 일을 스스로 처리하라고 하면 아이들은 혼란스러워서 받아들이기 어렵다. 이미 습관으로 굳어져 귀찮기 때문이다.

나는 그 엄마에게 이런 해결책을 제시했다. 자녀들이 엄마가 퇴근하기 전까지 집을 어질러놓아도 절대 화부터 내지 마라. 애들은 엄마 없이 밥 챙겨 먹은 것만으로도 자기 할 일을 다 했다고 생각할 수 있다. 엄마가 화를 내면 자기들이 잘한 일은 무시하고 조금 잘못한 일에 대해 과하게 화를 낸다며 억울하다는 생각만 할 것이다. 세상에서 사람의 습관보다 고치기 힘든 것은 없다. 이미 집 안 어지르는 습관이 몸에 밴 아이들의 태도로 볼 때 엄마가 화를 낸다고 해서 고쳐질 것 같지 않다. 차근차근 자기 관리 습관들이기를 시작해야 한다. 그러려면 퇴근 후 집 안이 어질러져 있어도 욱하는 마음을 가라앉혀야만, "엄마 힘들어 죽겠는데 도대체 이게 뭐냐?", "내가 무슨 기계인 줄 알아? 아무리 어려도 그렇지, 이렇게 해놓을 수가 있니?" 등의 비난을 하며 아이들을 윽박지르지 않을 수 있다.

퇴근해서 집에 들어서자마자 청소부터 할 생각을 잠시 접고 자리에 앉아 차분하게 마음을 가라앉혀라. 마음이 좀 가라앉으면 애들을 조용히 불러 "엄마가 오늘은 너무 힘들어서 다 못 치우겠다. 너희가 엄마 좀 도와줄래? 아무개는 이걸 좀 치우고 아무개는 이걸 제자리에 갖다두면 고 맙겠다"라고 담담한 목소리로 말하라. 누가 무슨 일을 해야 하는지 구체적으로 부탁하듯이 말해야 잘 알아듣는다. 지시어는 말하는 순간 애들에게 강압적인 태도로 비쳐 '지금 엄마가 우리에게 화를 내며 강제로 이 일을 시키는 것이다'라는 반발심을 불러올 수 있다. 반발심은 이 순간만 모면하면 그만이라는 생각을 갖게 해 잠시 풀 죽은 모습을 보이다가 다음 날이면 다 잊게 만든다. 자녀들이 아직 아기였을 때 직접 자기 관리 기회를 주지 않고 바쁘다며 엄마가 챙겨준 책임을 인정하고 당분간 조금 힘든 시간을 보낼 각오를 해야 한다. 그러나 처음에는 힘들어도 차츰 개선되어 언젠가는 끝낼 수 있으니 희망을 가져라. 어른도 자기 기준으로 아이의 생각이나 태도를 판단하듯, 아이도 자기 기준으로 '방 좀 안 치웠다고 그렇게까지 화낼 일인가?'라는 생각이 들면 엄마가 너무 과하게 화를 내는 것으로 보여 오히려 억울해한다. 자신의 잘못과 엄마의 화를 견주어 보고 자기가 더 손해라고 여겨 엄마 말을 귀담아듣지 않게 되는 것이다. 그 집 아이들이 특별히 계산적이어서 그런 게 아니라 아이들은 본능적으로 그렇게 생각한다.

따라서 엄마가 아이들의 생각 수준에 맞춰 협조를 구해야 아이들의 마음을 움직이고 행동의 변화를 가져올 수 있다. 퇴근 후에 엄마가 화내지 않고 "엄마가 너무 힘들어서 오늘은 이걸 못 치울 것 같은데, 네가 도와줄래?"라고 도움을 요청하는 태도로 말하는 것이 중요하다. 절대 서두르지 말고 하루에 하나씩만 지정해서 도움을 청하는 것이 좋다. 예를 들면 이번 주는 "음식 다 먹은 그릇은 이렇게 닦아서 이렇게 두어라"라고 지시한 뒤, 지시대로 행동했으면 반드시 "정말 고맙다, 엄마가 한결 편해졌어"라고 칭찬해 아이가 일한 보람을 느끼게 해주어야 한다. 같은 일을 적어도 일주일 이상 반복한다. 그릇 닦는 것에 익숙해지면 그다음 주에는 "이번 주부터는 벗은 옷도 잘 걸어둘 수 있지?"라고 말한 뒤 같은 방법으로 칭찬하며 기다려준다. 조급하게 생각하지 않고 이런 식으로 한 가지씩 차근차근 개선해나가면 중학생 정도 되면 정리 습관이 어느 정도 굳어질 것이다.

그 엄마가 내가 준 해결책을 실행했는지는 잘 모른다. 그러나 아이들을 너무 잘 챙겨주어서 여섯 살 이전에 스스로 정리하는 습관을 만들어주지 못한 엄마들에게 이 방법을 권한다.

3장

부모가
자식에 대해
모두 알 수는 없다

아이가 고백하지 않으면 자식이 학교에서 왕따나 폭력을 당해도 모르고 지나칠 수 있습니다. 자식의 행동이 마음에 안 든다고 지적하고 야단만 치면 부모에게 터놓고 말하지 못하게 됩니다. 그러면 부모가 자식의 속마음을 제대로 파악할 수 없게 되지요. 요즘 인성교육의 중요성이 강조되는데, 부모가 자식의 고민도 들어주지 않고 무조건 잘되라고만 하면 자식은 마음을 터놓을 데가 없게 됩니다. 가장 부끄러운 모습까지도 지적하지 말고 들어주어야 자식이 솔직해지고 인성도 좋아진답니다.

내 자식이 설마
학원 폭력 피해자?

"왜 그 지경이 되도록 엄마한테 입도 뻥끗하지 않았어?"

"걔들이 부모님한테 알려서 학교가 시끄러워지면 죽여버린댔어요."

"그냥 협박한 거겠지. 설마 진짜로 죽이기야 하겠어?"

"아니에요. ○○○만화에 나온 아이들처럼 두 눈 뽑고, 손가락 발가락 다 잘라서 지독한 아픔을 맛보게 하고는 칼로 목을 따 죽인댔어요."

○○○만화는 1980년대생들이 초등학교 시절에 열심히 읽던 일본 만화였다. 내용이 잔혹하고 폭력적이어서 학교 당국은 학생들이 읽지 못하도록 감시했지만, 학교에서 돌려 보는 대담한 아이들이 근절되지 않았던 것으로 유명하다. 이 만화의 폭력성이 도를 넘어 몇몇 교육자들이 나서

서 사회문제로 부각시켰지만 금세 흐지부지되었다.

  나는 작은아들의 고백을 들으며 아들의 표정에서 공포를 보고는 나도 모르게 오싹해져 목소리가 낮아졌다.

  "그래서 네가 당한 일을 아무한테도 말 못하고 혼자 무서워하면서 학교에 다녔다는 거야? 선생님도 전혀 모르시고?"

  "네, 어른들이 아셨다면 전 벌써 죽었을 거예요. 그러니 저를 그냥 미국에 남게 해주세요. 귀국해서 다시 예전 학교로 돌아가면 그 애들을 다시 만날 거고, 그러면 이번에는 그 애들이 절 반드시 죽일 거예요."

  작은아들의 부탁은 간절했다. 귀국해서 원래 다니던 학교로 복귀하면 큰일이 벌어질 것 같은 공포감이 나에게도 전이될 정도로.

  원래 미국에 갈 때는 1년 정도 체류할 작정이었다. 금세 1년이 지나가 두 아들에게 귀국해야 한다고 말했더니, 작은아들이 울먹이며 국내에서 겪은 학원 폭력 피해 이야기를 털어놓았다. 당시에는 '학원 폭력'이라는 용어조차 낯설었다. 그러나 아들의 진술에 따르면 1990년대 여의도의 초·중등학교는 요즘의 학원 폭력 못지않게 잔혹하고 만연해 있었던 것 같다. 아들의 이야기만 듣고 이렇게 단언하는 것은 아니다. 이후 사업상 여러 모임에 참석하면서 1980년대 후반부터 1990년대 중반까지 여의도에서 중·고등학교를 다닌 남자들을 꽤 많이 만났는데, 물어보니 우리 아들과 비슷한 학교 폭력 피해 사례들을 들려주었다. 여의도에서만 이런 식의 학원 폭력이 빈번했는지 아니면 다른 곳도 그랬는지는 잘 모르겠다. 다만 한 시골 학교의 학원 폭력 사례를 들어 정치, 사회 권력 구조의 어두운 속성을 표현한 이문열의 『우리들의 일그러진 영웅』이라는 소설이 1987년에 이상문학상을 탈 정도로 인기가 높았다. 인기의 여세를 몰아 영화로도 제작되어 대박을 터뜨렸다. 당시의 학원 폭력이 지금보다 덜하거나 적지 않았음을 짐작하게 해준다. 물론 이 소설은 단순한 학원 폭력 이야기를 넘어 여러 조직에서 벌어지는 권력의 이면을 엿보게 하지만 말이다.

나는 1980~1990년대 여의도의 초·중·고등학교에서 유독 학원 폭력 사건이 빈번한 이유에 대해 여러 각도로 생각해보게 되었다. 88 서울 올림픽의 여파로 국내 경기가 좋아져 빈부 격차가 심해진 결과가 아닌가 싶다. 대체로 거의 모든 사회에서 빈부 격차가 심해지면 청소년 폭력 문제가 따라서 심화되었다. 미국의 뉴욕에서도 브루클린이나 브롱크스는 가난한 이민자들이 모여 사는 곳이었다. 이곳 청소년들은 분노를 폭력으로 표출해 여러 영화의 소재로 사용되곤 했다. 프랑스 파리 13구역도 몹시 가난한 동네다. 이곳 청소년들 역시 자주 인근 주민들의 승용차를 불태우며 분노를 표출해 영화화되기도 했다. 이렇듯 한 도시 내에서 빈부 격차가 심하면 청소년들의 폭력이 나타나는 경향이 많은 것이다. 물론 지금은 중국 등 신흥 부국들이 뉴욕 부동산 투자에 몰리면서 뉴욕의 브루클린이나 브롱크스 같은 인근 지역들도 맨해튼 버금가는 부촌으로 변했지만 말이다. 파리 13구역은 여전히 가난한 동네로 남아 청소년 폭력 사건이 끊이지 않는다.

서울의 영등포 지역은 현재 중산층 동네로 변해 폭력이 두드러지던 옛날의 모습을 상상하기 어렵다. 그러나 1990년대 초반만 해도 영등포는 가난한 공장지대로 이루어져 있었다. 사무직에 비해 소득이 낮은 공장 노동자들이 모여 살아 주민들의 생활형편이 어려웠다. 반면에 여의도는 국내외 금융회사들이 몰려들어 국내 호경기의 중심에 서 있었다. 집값이 치솟고 전세 값도 웬만한 소득으로는 감당하기 힘들 정도로 올랐다. 주민 분포도 목돈 마련이 어려운 젊은 층에서 경제적 기반을 갖춘 중·장년 층으로 교체되었다. 주민들의 연령층이 높아지면서 여의도에 사는 어린이만으로는 학생 수를 채울 수 없자 신길동 등 인근 영등포 지역 일부 학생들이 여의도의 학교로 배정되었다. 그렇다보니 여의도 학교에서는 빈부 격차를 체감하는 학생들이 서로 맞부딪칠 수밖에 없었다. 부모가 모두 새벽부터 밤까지 공장에서 일해 부모의 손길을 받지 못하고 거칠게 자란 영등포에서 온 학생들 중에는 유복하게 자란 여의도 학생들을 곱게 보지 않는 아이들이 제법 많았다. 이들이 무리를 지어 여의도 아이들에게 사소한 일로 시비를 걸고 꼬투리를 잡아 잔인하게 때리거나 괴롭혔다. 큰아들이 다닌 윤중중학교는 같은 여의도에 있었지만 학교 규모가 작아서인지 그런 학생들이 비교적 적게 배정돼 학원 폭력 사례가 적은 편이었다. 그러나 작은아들이 다닌 여의도중학교는 학교 규모가 크고 학생 수도 많아 학원 폭력이 심각한 수준이었던 것 같다.

당시만 해도 우리 사회엔 전반적으로 아이들은 싸우면서 큰다는 통념이 널리 퍼져 있었다. 자식이 학교 가서 매 맞고 오더라도 부모가 나서면 안 된다는 고정관념도 심했다. 나 역시 자식이 친구들에게 맞고 왔다고 달려가 따지는 부모를 좋지 않게 보아왔다. 그러나 내 자식이 학원 폭력의 피해를 당했다는 말을 들으니 분노가 폭발했다. 당장이라도 학교로 쫓아가 때린 놈들을 벌주고 싶었다. 내가 맞벌이여서 아들이 학원 폭력 피해자가 된 것 같아 더욱 마음이 아팠다. 그래서 큰 고민 하지 않고 두 아들과 함께 미국 체류 기간을 연장하기로 했다.

두 아들이 다닌 미국 공립 중·고등학교는 대부분의 미국 중·고등학교가 그렇듯 담임이 없고 상담교사가 4년 동안 죽 관찰하며 보살폈다. 상담교사는 대체로 심리학 전공자로, 수업을 하는 것이 아니라 배정받은 학생들의 관찰 보호가 주 업무였다. 상담교사가 한 학생을 4년 내내 맡으니 국내 담임교사들에 비해 학생들의 심리적 변화와 성장 과정을 깊이 이해할 수 있는 것 같았다. 두 아들은 고등학교로 진급한 뒤 같은 상담교사에게 배정되었다. 예순 살가량 되는 미시즈 십스였다. 그 당시만 해도 두 아들이 다닌 미국 학교에는 동양인 학생이 드물었다.

두 아들은 내가 미시간 주립대학교에서 학교 아파트를 배정받아 그 아파트의 학군에 속한 랜싱 중학교에 배정되었다. 랜싱 중학교는 세계 각국에서 유학 온 부모를 따라온 아이들이 많아 다양한 인종으로 구성되어 있었다. 그러나 나는 한국인 학부모답게 저렴한 학교 아파트를 포기하고 조금 더 비싼 인근의 일반 아파트로 이사하면 학군이 훨씬 좋아 아이들을 미국에서도 알아주는 좋은 학교로 전학시킬 수 있다는 소문을 듣고 곧 집을 옮겼다. 그 학교는 거의 현지인 자녀들만 다녀 동양인 학생이 드물었다.

그런데 작은아들에게서 초·중학교 시절에 대한 고백을 듣기 며칠 전, 나는 작은아들이 학교에서 폭력적인 행동을 했다는 이유로 상담교사의 호출을 받았다. 국내에선 학원 폭력 피해자이던 아들이 해외에 나와 학원 폭력 가해자가 된 셈이었다. 한국에 있을 때 억센 친구들에게 가끔 맞는다는 정도는 알고 있었기에 허약 체질인 아이가 외국까지 와서 매 맞지 않게 된 것은 다행이지만, 그토록 순하던 아들이 왜 폭력적으로 변했는지 걱정되지 않을 수 없었다. 나중에 알고 보니 국내에서 당한 학원 폭력의 트라우마가 미국에 와서 터진 것이었다. 이 트라우마를 치료하기 위해 10년 이상 고생스럽게 노력했다.

두 아들은 미국 아이들이 동양 학생들이 무술 잘하는 것을 부러워한다며 친구들을 사귀려면 태권도를 배워야 한다고 말했다. 나는 여기저기 수소문해서 한국인 태권도 코치를 찾아 배우도록 했다. 그래서 작은아들이 태권도를 배워 갑자기 싸움에 자신감이 생겨 미국 아이를 때린 것 아닐까 싶어 여간 걱정이 아니었다. 그러나 작은아들이 저지른 폭력은 누군가를 때린 것이 아니었다.

그 당시 미국 학교는 학원 폭력을 근절하기 위해 학원 폭력에 대해 엄격한 기준을 적용했다. 지금도 그렇지만 그때도 종종 교내 총기 사건이 발생해 미국 사회에서는 학원에서 일어나는 사소한 폭력도 간과하지 않았다. 이 학교에서 말하는 학원 폭력이란 우리 아들이 초·중학교에서 당한 학원 폭력과는 비교할 수도 없을 정도로 경미한 것이었다. 다른 학생을 때려 다치게 하는 정도는 폭력이 아니라 범죄로 분류되어 경찰이 직접 처리할 정도였다.

친구 중 누군가가 화나게 하자 아들이 스스로 책상인가 의자를 발로 걸어찬 것, 그리고 시험 점수가 마음에 안 들어 선생님과 동급생들 앞에서 시험지를 박박 찢어 쓰레기통에 던진 정도였다. 그러나 나는 그런 사정을 잘 모르는 상황이어서 상담교사가 호출하자 마음이 몹시 복잡했다. 당시 두 아들은 미국에 대학 교직원 또는 교수 자격의 패컬티(Faculty)로 온 나의 동반인 자격이었기 때문에 공립학교에 다닐 수 있었다. 미국 공립학교는 고등학교까지 무료다. 두 아들이 외국인인데 학비를 내지 않으니 사소한 잘못을 저질러도 미국 학생들에 비해 큰 불이익을 당할 수 있다는 생각을 하며 복잡한 마음으로 학교로 향했다.

학교 건물 2층에 있는 미시즈 십스의 상담실 문을 노크했다. 상담교사의 방답게 노란 색조의 따뜻한 인테리어로 아늑한 느낌을 주는 방 안에서 미시즈 십스가 온화한 미소로 나를 맞았다. 그녀는 나에게 안락의자에 앉으라고 권하면서 따끈한 녹차를 내왔다. 내가 찻잔을 앞에 놓고 마시지 않은 채 초조한 기색으로 쳐다보자 그녀는 의자를 내게 조금 더 당겨

앉으며 작은아들의 마음속에 분노가 많이 쌓여 있는 것 같다는 말로 입을 열었다. 나는 "우리 아들의 마음 안에 분노가요?"라고 되물으며, 문득 작은아들이 집에서도 사소한 일에 자주 화를 낸다는 생각이 들었다. 그 순간 엄마인 내가 그 원인을 모르고 있었구나 하는 자책감이 마음속을 훑고 지나갔다. 미시즈 십스는 그런 내 마음을 읽은 듯 "화를 잘 내는 것은 타고난 기질일 수도 있어요. 언젠가 겪은 일이 트라우마로 남아서 그런 경우가 더 많지만……. 정확한 원인이 궁금하시면 전문가에게 치료를 받는 것도 괜찮아요"라고 말했다. 당시만 해도 한국 사람은 정신과를 들락거리면 정신에 큰 문제가 있는 미친 사람으로 낙인찍는 상황이었고, 나 역시 그랬다. 내가 당황한 표정으로 "치료받아야 할 만큼 심각한가요?"라고 묻자, 그녀는 "그렇게 심각한 건 아닌데, 마음속에 들어앉은 화는 어떤 방법으로든 빼내야 폭력적인 태도가 누그러져요. 전문가에게 치료받기 싫으면 엄마가 직접 아이 속마음을 끄집어내도 돼요. 무엇이 그 애를 화나게 했는지 살살 달래서 물어보세요. 원인을 본인 자신이 인지하면 분노의 원천이 소거될 수 있어요"라고 말해주었다.

미시즈 십스의 방을 나오며 나도 모르게 작은아들의 성장 과정을 되돌아보게 되었다. '아빠가 아이를 때려 키우는 사람도 아니고 나도 마찬가지인데……. 그리고 형도 동생이라면 주변 사람들이 놀랄 정도로 끔찍하게 위하는데 도대체 누가 이 아이에게 분노의 원천을 제공했을까?' 하는 의문이 계속 머릿속에 맴돌았다. 이제 귀국할 때가 되었다는 말을 하던 날에야 작은아들이 학원 폭력 실태를 고백해서 폭력성의 원인을 찾을 수 있었다.

작은아들이 국내 학교에서 당한 학원 폭력 실태는 책에 묘사하기가 힘들 정도로 참혹했다. 간단히 소개하면 영등포 공단지대에서 온 거친 아이들이 무리 지어 다니며 학교 인근에 있는 한강변의 으슥한 곳에 쇠 파이프를 숨겨두었다가 마음에 안 드는 한 학생을 골라 방과 후에 한강 모래사장으로 끌어내 쇠파이프로 무자비하게 때리는 것은 보통이고, 학교 운동장에서 작은아들처럼 허약한 애들을 공 삼아 자기들끼리 축구를 즐기기도 한다는 것이었다. 그렇다면 타고난 허약 체질의 작은아들이 거칠고 험악한 애들에게 이리 채고 저리 채며 학교를 다녔다는 말이 아닌가? 나는 작은아들의 이야기를 들을수록 기가 막히고 치가 떨려 당장 가해자를 붙들어다 혼쭐을 내주고 싶었다. 그런 한편으로 맞벌이를 핑계로 육아를 제대로 못한 나 자신을 자책하게 되었다. 작은아들을 때린 무리를 이끄는 아이의 엄마는 초등학교 교사라는 말을 듣고 나서야 자책감에서 벗어날 수 있었다. 그러니까 때린 아이도 맞벌이 엄마를 두었고, 맞은 아들도 맞벌이 엄마 밑에서 자란 것이다. 결국 작은아들이 학원 폭력 피해자가 된 것은 나 때문만은 아닐 수 있다는 생각이 들었다.

이 일로 나는 미국 대학에서 아동 시절의 폭력이 미치는 영향과 관련된 심리학 강의를 여러 번 들었다. 강의를 통해 학원 폭력의 후유증은 평생 갈 수 있으며, 폭력 피해 사실을 본인 입으로 말하는 방법으로도 어느 정도 치유가 가능하다는 것과 자식의 학원 폭력 피해 원인이 엄마의 가정 부재 때문만은 아니라는 사실을 좀 더 과학적인 방법을 통해 알게 되었다.

　사실 잘못을 저지르지 않고도 죄책감에 시달리는 경우가 생각보다 많다. 열심히 일하고도 돈을 많이 벌지 못하는 가장, 죽어라 뒷바라지하고도 가족에게 그다지 도움이 되지 않는다고 생각하는 전업주부, 최선을 다해 공부하지만 성적이 오르지 않는 학생, 성실하게 일하고도 실적을 내지 못하는 직장인, 그리고 가사와 직장 일을 병행하느라 육아와 가사에서 빈틈이 보일 수밖에 없는 맞벌이 주부 등 알고 보면 남보다 더 열심히 살고도 비난을 감수하며 불필요한 죄책감으로 불행해지는 경우가 많다. 나는 커뮤니케이션, 심리학 등의 강의를 통해 죄를 짓지 않았는데도 죄책감을 갖는 태도가 자신과 타인에게 결코 도움이 되지 않는다는 것을 알게 되었다. 즉 부모가 맞벌이하느라 자식 뒷바라지에 소홀한 것이 미안해 다른 아이들보다 더 좋은 장난감과 옷, 학용품을 사주는 것은 아이들 양육에 오히려 해가 된다는 점을 분명히 알게 되었다.

우리 애가
그럴 리가요?

"우리 애가 그럴 줄은 상상도 못했어요."

한 언론사 부장으로 있는 여자 후배의 전화였다. 목소리가 몹시 떨렸다. 부부 모두 명문대 출신으로 남편은 대학병원 의사이고, 중학교와 고등학교에 다니는 두 아들을 두고 있었다. 그런데 그 후배가 갑자기 만나자고 전화를 해왔다. 장남이 고등학교를 자퇴하겠다고 말했다는 것이었다. 그녀는 나를 만나자 다짜고짜 "어떻게 하면 좋을까요?"라고 물었다. 대답도 하기 전에 "중학교 때까지만 해도 나무랄 데 없는 모범생이었어요. 특목고에 들어갔고, 저희 부부 모두 머리가 나쁘지 않으니 당연하다고 생각했는데, 고등학교에 입학하고 한 학기도 지나지 않아 자퇴하겠대요 글쎄. 어이가 없어요. 제 아들 입에서 그런 말이 나올 줄은 꿈에도 몰랐거든요. 아이한테 기절할 정도로 뒤통수를 세게 얻어맞은 기분이에요"라며 아들을 원망하는 말을 줄줄이 늘어놓았다. 표정마저 비장했다. 그냥 자퇴시켜버리라고 말하기가 겁나 "아들이 원하면 자퇴를 고려해보는 것이 낫지 않을까?"라고 말해주었다.

아이의 마음은 이미 학교를 떠난 것이 분명했다. 부모가 억지로 붙들어두어도 이미 학교생활에 흥미를 잃어 공부에 마음을 두기가 힘들 것으로 보였다. 나는 조심스럽게 "마음이 떠난 학교에 건성으로 다니느니 자퇴하고 알아서 공부하도록 해주는 게 낫지 않을까?"라고 말했다. 그녀는 발끈하며 "혼자 공부할 애도 아니에요"라고 쏘아붙였다. 더 이상 그녀의 심기를 건드리면 안 될 것 같아서 "혼자 공부해보면 오히려 자기한테 학교가 필요하다고 깨달을 수도 있고……"라고 웅얼거렸다. "그럴 정도로 의지가 강한 애라면 걱정도 안 하죠." 그녀의 목소리에는 짜증이 노골적으로 담겨 있었다. 나는 그녀의 심정을 이해하려고 노력하며 "혼자서 공부를 잘할 수도 있을 거야. 아니면 혼자 공부하다가 학교가 더 소중해질 수도 있고"라고 말했다. 그녀는 여전히 볼멘소리로 말했다. "아빠 닮아서 애 고집이 장난 아니에요. 자발적으로 그만둔 학교로 되돌아갈 애라면 무슨 걱정을 하겠어요. 자존심만 쓸데없이 세니 그게 더 걱정이죠." 그녀는 무슨 수를 쓰든 아들의 자퇴를 막겠다는 강한 의지를 감추지 않았다. 나를 보자고 한 것도 그런 자신의 의지에 확신을 갖기 위해서인 것 같았다. 그러나 내 눈에는 결과가 뻔히 보여 그녀의 그런 의지에 힘을 실어줄 수가 없었다. 그래서 그녀가 나중에라도 되새겨보기를 기대하며 낮은 목소리로 말했다. "같은 학교로 복귀하면 동급생들을 선배로 모셔야 하니 싫을 거야. 하지만 다른 학교로 복학하면 상관없잖아. 나라면 아들한테 복학에 대한 엄마의 생각을 말한 뒤 약속을 받고 자퇴를 승낙해줄 것 같아." 그러나 이 말이 그녀의 마음에는 전혀 가닿지 않는 것이 분명했다. 그럼에도 나는 그녀를 조금 더 설득해야 할 것 같은 의무감이 생겨 "사실 한 사람의 인생에서 1년은 아무것도 아니라고 봐. 다른 애들보다 1년 늦게 대학 간다고 무슨 큰일이 나는 것도 아니잖아. 오히려 1년간 폭넓은 인생 경험을 쌓으면 죽 학교만 다닌 애들보다 융통성과 창의력에서 경쟁력이 생겨 사회 진출에는 더 유리하지 않을까?"라는 등 내가 생각하는 최선의 해결책들을 말했다. 여전히 그녀의 귀에는 들리지 않는 것이 분명했다. 어쩌면 속으로 '선배도 자기 아들 일이라면 그렇게 말할 수 있겠어요?'라며 원망했을지도 모른다.

그녀는 나와 헤어지는 순간에도 아들을 1년 휴학하도록 해주어도 다시 학교로 돌아갈 가능성이 거의 없다는 말만 되풀이했다. 그녀는 이미 내 아들은 이렇게 행동해야 한다는 정답을 가지고 있어 자기 기준에서 벗어나는 것을 수용할 생각이 전혀 없어 보였다. 나는 그녀의 태도를 보며 예전 아버지의 모습과 내가 남동생들에게 했던 가혹한 행동들이 떠올랐다. 그러면서 나도 그녀와 비슷한 상황에 놓인다면 그녀 못지않은 충격을 받을 것임을 인정했다. 그러나 나는 그녀의 말대로 남이기 때문에 그녀와 아들의 문제를 냉정하게 객관적으로 볼 수 있었다. 그런 눈으로 보니 그녀는 한 번도 아들의 정확한 속마음을 알아본 적이 없어 보였다.

장남을 잃은 아버지는 슬그머니 남은 자식들에게 속마음을 터놓고 말할 자유를 주셨다. 아버지와 남은 자식들 간에는 사고방식과 세대차가 너무 커 매번 의견이 갈려 엄청난 말다툼이 벌어지곤 했다. 그러나 말다툼을 감수하면서도 자식들이 솔직하게 말하는 것을 완강하게 막지는 않으셨다. 우리는 정말로 아버지에게 잘 보이기 위해 자신을 위장하거나 거짓을 말할 필요가 없을 정도로 자주 다투며 자기주장을 폈다. 가끔은 자식에게 엄격하기로 둘째가라면 서러운 아버지를 말다툼에서 이겼다는 성취감도 느낄 수 있었다. 이 과정에서 나는 부모 자식 간에 마음을 터놓고 말하는 것의 중요성을 뼈저리게 깨달았다.

나는 두 아들에게도 부모에게 대들 권리를 주었다. 단, 솔직하게 모든 것을 말하되 예의를 갖춰 정중하게 하라고 조건을 달았다. 그래서 두 아들은 아주 어릴 때부터 내가 시킨 일이 마음에 들지 않으면 "엄마, 그건 저에게 너무 무리예요. 하고 싶지 않아요"라며 거절했다. 가끔은 "저 요새 공부하기 싫어요. 좀 쉽게 해주세요"라거나 "그 학원은 안 다닐래요"라고 하기도 했다. 심지어 사춘기 이후에는 "이런저런 여자애가 마음에 들어요. 유혹해볼 테니 성공을 빌어주세요"라거나 "저 너무 화나서 그 친구하고 싸울 거예요. 말리지 마세요" 등의 속에 있는 말들을 언제든지 말하게 되었다. 학교의 과외 활동인 수영, 태권도 같은 특기도 강요하지 않고 자기들이 하겠다고 할 때만 하도록 했다. 대학 전공도 간섭하지 않고 스스로 고르도록 하고, 고른 뒤에는 이유를 충분히 설명하도록 했다. 자식의 속마음을 모른 채 부모가 원하는 방향으로만 이끌면 어린 자식은 부모의 권위에 눌려 부모가 듣기 싫어하는 말은 하지 못한다. 그러면 점차 부모와의 대화가 불편해져 아예 대화를 기피하게 된다. 그 대신 나중에 엉뚱한 일로 불만을 터뜨려 부모를 충격에 빠뜨린다.

여의도에 살 때, 내가 살던 아파트 단지 내에 제법 규모가 큰 미용실이 있었다. 인근 아파트에 거주하는 여중생 몇 명이 반바지와 티셔츠 차림으로 이 미용실에 와서 학생이 감당하기에는 고액을 지불하고 숙녀 스타일로 머리를 만지고 화장을 한 뒤 미리 미용실에 맡겨둔 야한 성인 복장으로 갈아입고 나갔다. 대개 저녁 무렵에 와서 그런 차림으로 꾸미고는 그 나이 아이들에게는 출입이 금지된 성인 나이트클럽을 드나들었다. 지금이야 대부분의 업체가 미성년자 출입 불가 구역에서 주민등록증 등 신분증을 꼼꼼하게 확인하지만 그전에는 출입증 체크가 허술해 그런 일이 별로 어렵지 않았던 것 같다.

나는 주로 오전에 미용실에 다녔는데, 그날은 밤에 중요한 행사가 있어서 저녁 무렵에 머리를 만지러 들렀다가 중학생들의 그런 행태를 목격하게 되었다. 그중 한 학생은 이전에 우리 아파트 같은 동에 산 적이 있는 아이였다. 내가 기억하기로 그 학생의 엄마는 매일 거르지 않고 새벽기도를 다니는 독실한 교인이었다. 그런 분의 자녀가 독서실 간다고 거짓말하고는 남의 아파트 단지 내 미용실에 와서 숙녀로 변신하고 성인 클럽을 드나든 사실을 알게 된다면 충격이 얼마나 클지 상상이 되지 않았다. 그런 사정을 알기에 어쩌다 그 엄마와 버스 정류장이나 지하철역에서 마주쳐도 차마 딸에 대해 입도 벙긋할 수 없었다. 속마음으로야 같은 부모 입장이니 딸의 일탈 행위를 알리고 바로잡도록 도와주고 싶었으나, 마음의 준비가 전혀 안 된 분에게 충격을 주어 좋을 것이 없을 것 같아 입을 다물었지만 내내 찜찜하고 가끔 마음에 걸리곤 했다.

사실 "우리 애가 그럴 리가?"라는 말은 두 아들이 원주에서 유치원에 다닐 때도 종종 들었다. 유치원에 다른 애들보다 한 살 많은 세준이라는 남자아이가 있었다. 엄마는 점잖고 매너가 넘쳤지만 세준은 반 아이들을 돌아가며 때리는 폭력적인 아이였다. 당시만 해도 원생들의 사소한 싸움은 보육교사의 중재로 쉽게 마무리되었다. 그러나 맞은 애들이 많아 세준은 엄마들 사이에서 깡패라는 별명을 얻었다. 하루는 세준이 굵은 막대기를 휘두르고 다니다가 한 아이의 얼굴에 상처를 냈다. 얼굴의 상처는 중요해 보육교사가 다친 애 엄마에게 급히 알렸다. 그녀는 유치원으로 달려와 노발대발했다. 보육교사는 때린 세준의 엄마도 호출했다. 세준 엄마도 급히 달려왔다. 그러고는 "우리 애가 그럴 리가?"라며 놀라워했다. 다른 엄마들이 "자기 자식을 그렇게도 몰라?"라며 눈총을 주었다.

그녀는 훗날 엄마인 자기는 물론 남편도 남을 때려본 적이 없어서 세준이 남들을 때릴 거라고는 상상도 못했다고 고백했다. 세준 엄마는 얼른 다친 아이의 엄마를 향해 허리를 굽히고 나서 "죄송해요. 얼른 아이 데리고 병원으로 가시지요"라며 앞장섰다.

그 일이 있고 한참 후, 모처럼 비번 날 유치원 학부모회의가 열려 참석했다가 세준 엄마를 만나 이야기를 나누게 되었다. 그녀는 서울에서 시집와 원주에 친구가 없어 외롭다고 말했다. 나도 이곳이 타지여서 친구가 없던 터라 곧 의기투합했다. 친해진 다음에 보니 세준 할머니의 며느리 시집살이가 장난이 아니었다. 엄마를 괴롭히는 할머니의 태도에 화가 난 세준의 분노가 엉뚱한 곳에서 폭력으로 나타난 것 같았다. 그러나 아이들의 예측 못한 행동의 진짜 원인을 파악할 줄 몰랐던 당시 부모들은 자식을 자기가 아는 면만 기준으로 판단해 예기치 못한 사고를 치면 "내 딸/아들이 그럴 리가?"라며 놀랐던 것 같다.

최근 부모 자식 간에 서로를 잘 모르고 사는 것에 대한 경각심을 일깨우는 TV 프로그램들이 봇물 터지듯 쏟아져나오고 있다. 한 종편 프로그램의 〈유자식 상팔자〉로 시작된 부모 자식 간의 속마음 폭로 프로그램이 인기를 끌었을 때, 나는 우리나라 부모들이 정말로 애들 속마음을 전혀 모르면서 자식 훈육에만 열을 올린다는 생각을 여러 번 했다. 물론 이런 종류의 프로그램은 연예인 자녀들이 부모와 함께 출연하는 연예오락 프로그램 특성상 콘셉트를 미리 정하고 일부러 부모 자식 간의 불통 사례를 과장할 수도 있다. 그러나 매번 그런 식으로 과장해서 방송하는 데는 한계가 있어 부모 자식 간의 불통 상황을 충분히 엿볼 수 있게 했다.

이 프로그램의 인기에 힘입어 지상파에서도 〈동상이몽, 괜찮아 괜찮아〉, 〈아빠를 부탁해〉 등 부모 자식 간의 불통을 엿보게 하는 TV 프로그램들이 등장했다. 우리 사회가 오랫동안 부모 자식 간의 진솔한 소통을 소홀히 해왔음을 반증하는 현상 아닐까 싶다. 부모 자식 간에는 세대가 다르고 입장이 다르고 성도 다를 수 있어 세상을 보는 눈이 다르고 삶의 철학이 다른 것이 당연하다. 따라서 부모가 자식이 자신과 같은 생각을 하고 같은 행동을 하기를 기대하면 안 된다.

최근 작은아들의 군대 동기에게서도 그런 면을 엿보았다. 그 청년은 군대 시절부터 아들 면회 때 함께 자주 만나 나와도 친숙했다. 그런데 아들이 제대 후에 집으로 초대하자 "어머니 계셔?"부터 묻더란다. 우리 아들은 엄마에게 숨김없이 이야기하는 스타일이어서 "우리 엄마 앞에서는 뭐든 말해도 돼. 우리끼리 여자 꼬신 얘기를 해도 괜찮아"라고 말했더니, "그래도 불편하지"라며 굳이 밖에서 만나자고 하더란다. 우리 아들 말이 그 청년이 종종 "엄마가 아시면 어쩌려고"라는 말을 한단다. 그리고 군복무 시절에 더 많은 선임과 후임들에게 "엄마가 아시면 큰일 나"라는 말을 참 많이 들었다고 한다. 우리 아들은 그 청년의 엄마도 사회생활을 오래한 전문가여서 엄마와의 관계가 비슷한 줄 알았는데 많이 다르더라고 말했다. 아들로서 엄마에게 최선의 모습을 보여주려는 생각은 기특하지만 가장 심한 아픔과 고통, 부끄러움을 엄마가 알까봐 전전긍긍하며 감춘다면 누구에게 털어놓고 힐링할 수 있을지 걱정이라고 했다.

사람은 할 말을 못하면 마음에 분노가 화로 쌓여 엉뚱한 곳에서 폭력을 휘두르거나 일탈적 행동으로 나타나 인생에 치명적인 상처를 입을 수도 있다. 남에게 밝히기 부끄럽고 말하기 싫은 일을 부모에게 고백할 수 없는 자식은 얼마나 불행한가?

03

그건 내
사생활이잖아요

　친정의 가세가 기울기 전의 일이다. 우리 집은 남편을 잃은 고모네 가족들부터 생활고로 힘든 친인척들까지 항상 여러 식객들로 북적였다. 넓은 마당 안에 바깥채, 안채, 사랑채 등 독립 가옥이 몇 채 있었지만 수용 인원이 너무 많아 항상 비좁았다. 사촌은 물론 6촌, 촌수를 알 수 없는 친척들까지 몰려들어 정작 우리 형제들의 방은 청소년 합숙소 같았다. 공간을 나눠 쓰게 된 식객들은 우리의 사적인 물건들까지 예사롭게 꺼내 보았다. 말없이 가져다 쓰는 경우도 많았다. 당시 우리나라는 좀 잘사는 집도 국민소득이 100달러 단위였으니, 지금으로 치면 잘산다고 말하기 어려운 수준이었다. 단지 끼니 거르지 않을 정도의 식량 조달이 가능하고 독립된 주택을 가졌으며, 종갓집의 임무를 다하려는 집은 식객들이 몰려와도 불만 없이 맞아들이는 것이 미덕이었다. 아마 우리 형제들이 그렇게 몰려온 식객들에게 "내 방에 들어와서 내 물건에 손대지 마"라고 경고했다면 그들의 부모는 우리 어머니에게 달려가 "도대체 애들을 어떻게 키운 거냐? 애들한테 못 사는 친척은 무시해도 된다고 가르쳤냐?"라며 호통을 쳐 집안을 발칵 뒤집어놓았을 것이다.

그러나 사춘기가 되면서 내 방에 불쑥 들어와 물건을 함부로 뒤지는 친인척들이 끔찍하게 싫었다. 이때부터 남들이 내 물건 만지는 것, 내가 남의 물건 손대는 것을 모두 혐오하게 되었다. 우리 집이 망하자 내가 너무 북적대는 것을 싫어해서 벌 받은 건가 하는 생각이 들 정도였다. 그러나 내가 북적대는 분위기에 염증을 내는 데는 그만한 이유가 있었다. 여러 친인척 중 한 언니가 내 일기장을 몰래 훔쳐보고는 그 속에 적힌 내밀한 감정들까지 공개했던 것이다. "너희 집에 가끔 허드렛일해주러 오는 공씨 아주머니 아들 동철이 좋아하니? 머리에 피도 안 마른 것이 연애질할 생각만 하다니, 참 팔자 좋다. 그렇지만 너희 아버지 아셔봐라. 그런 과부 아들을 마음에 둔 것만으로도 화를 내실 것이다." 이렇게 은근히 협박까지 하고는 나에게 온갖 심부름을 시켰다. 동철은 가끔 우리 집 행사에 허드렛일을 거들어주러 다니는 공씨 아주머니의 외아들이었다. 공씨 아주머니는 혼자 몸으로 동네잔치나 행사가 있을 때면 일을 거들어주고 번 돈으로 외아들 동철을 열심히 키웠다. 동철은 그런 어머니의 노력에 어굿나지 않게 반듯하게 잘 자랐다. 외모도 잘생겼다. 무엇보다 공부를 잘해 전교 학생회장이면서 우리 학교 킹카였다. 그 언니의 생각처럼 단순히 가난한 과부의 아들이 아니었다. 그 집 형편이야 모든 학생이 알 리 없고, 오히려 학교에서는 내가 그 애에게 마음을 고백할 처지가 못 되었다.

일기장 내용은 아주머니가 우리 집에 일하러 왔을 때 동철이 몇 번 따라온 것을 얼핏 보고 나 혼자 가슴 설레던 감정을 적은 것이었다. 그러나 친척 언니는 그런 내밀한 내용을 공개해서 빛이 확 바래게 만들었을 뿐 아니라, 그것을 빌미로 나를 노예처럼 부리려 들었다. 당시에는 TV도 흑백밖에 없고, 비디오도 생기기 전이어서 만화가 중요한 오락거리였다. 곳곳에 만화방이 있어 대여해다가 집에서 읽을 수 있었다. 그러나 만화방들은 대체로 분위기가 음산하고 껄렁한 애들이 진을 치고 있어서 엄격한 부모들은 자식들이 드나들지 못하도록 강력하게 단속하곤 했다. 요즘의 PC방보다 조금 더 열악하다고 보면 맞을 것이다. 그러나 요즘도 많은 아이들이 PC방 가는 것을 좋아하는 것처럼, 당시 아이들은 만화방에 가거나 대여해 집에서 몰래 만화를 읽는 재미에 빠져 살았다. 친척 언니는 약점 잡힌 나에게 걸핏하면 만화방에 가서 19금 만화책을 빌려오라거나 더러운 속옷을 빨라는 등 심부름을 시켰다. 나는 무엇보다 음산한 분위기의 만화방에 드나드는 것이 여간 무섭지 않았다. 엄격한 가정교육상 그런 곳에 드나드는 것은 최고의 금기 사항이어서 들키면 아버지에게 몽둥이가 부러질 만큼 맞을 각오를 해야만 했다.

그래서 다른 애들에 비해 두려움이 더 컸던 것 같다. 나는 그 언니가 나에게 가하는 압박을 부모님께 알리고 더 이상 심부름을 하지 말아야 한다고 생각했다. 그러나 아버지와 장남의 줄다리기로 온 집안이 뒤숭숭하고, 어머니의 병세도 더욱 깊어가는 상황이어서 나로 인해 집안에 분란이 생기면 안 될 것 같아 입을 다물었다. 가족들끼리의 갈등만으로도 머리가 쪼개질 지경인데, 친인척들과 내가 갈등을 빚은 사실이 밝혀진다면 병약한 어머니는 충격으로 병상에서 일어날 수 없을지도 모른다는 두려움이 더 컸다.

나는 남들이 나를 부잣집 딸이라며 부러워하는 이유를 도대체 이해할 수 없었다. 속내를 들여다보면 이처럼 복잡하고 험악한 일들에 둘러싸여 사는데, 오히려 나를 부러워하는 그 애들은 부모 형제하고만 오순도순 잘 살지 않는가 하는 생각이었다. 그 때문에 나는 이후 지금까지 부잣집 자녀들을 부러워한 적이 없다. 우리 집 정도의 규모밖에 안 되는 부자도 주변 상황까지 그토록 복잡하게 껴안아야 하는데 더 큰 부자들은 오죽할까 싶었다. 나중에 집이 폭삭 망해 지독한 가난을 겪을 때도 부자가 마냥 부럽지는 않았다. 이런 생각은 동생들도 마찬가지였다. 또한 내가 두 아들에게도 강조해 가족들이 돈 때문에 하기 싫은 일을 하며 살지는 않게 되었다. 정말 세상에는 공짜가 없는 듯하다. 그토록 싫고 견디기 고약했던 어린 시절의 경험들이 우리 가족의 올바른 정신세계를 형성하는 데 바탕이 되어주었으니 말이다.

그러나 당시 중학교 2학년 사춘기 소녀였던 나는 일기장을 몰래 훔쳐 본 친척 언니를 그대로 둘 수 없었다. 마침내 분통이 터져 친척 언니를 향해 "무식하게 왜 남의 일기장을 훔쳐봐. 우리 부모님도 보지 않는데 네가 뭐라고. 못 배워 먹은 것 같으니라고"라며 막말을 퍼부었다. 친척 언니도 지지 않고 "어린것이 얻다 대고 반말이야?"라며 목청을 높였다. 그때만 해도 우리 집에서 손윗사람에게 대드는 것은 엄청난 사건이었다. 친척 언니는 아버지의 성격을 잘 알기 때문에 남의 일기를 훔쳐본 주제에 "어린것이 버르장머리 없이……", "머리에 피도 안 마른 것이……", "뭘 잘했다고……" 등의 폭언을 퍼부어가며 나를 금세 제압했다. 결국 나는 오랫동안 그녀의 온갖 치사한 심부름을 해주는 신세로 지내야만 했다.

나는 아주 어릴 때부터 글쓰기를 좋아했다. 초등학교 때부터 거의 거르지 않고 일기를 써왔다. 어떤 애들은 일기장에 무슨 말을 쓰느냐, 쓸 말이 하나도 없다며 투덜댔지만, 나는 거의 매일 노트 서너 장씩 쓰고도 할 말이 남았다. 그리고 가끔 예전 일기장을 뒤적이며 내가 이 정도로 잘 썼나, 혹은 이렇게밖에 못 썼나 되짚어보는 것이 굉장한 즐거움이었다. 그러나 타의에 의해 일기장 속에 감춰둔 내밀한 감정들이 무참하게 공개되자 발가벗고 길거리로 나선 기분이었다. 나는 그 기분을 참을 수 없어 그동안 써온 일기장을 모두 태워버렸다. 그리고 앞으로는 절대로 일기를 쓰지 않겠다고 맹세했다. 그때부터 일기 쓰기를 진짜로 그만두었다. 가끔은 그때 어머니에게라도 고백하고 조언을 구했다면 어떠했을까 하는 생각이 들곤 한다. 얼마 전 한 친척의 결혼식장에서 그 언니를 만나 어릴 때 내 일기장 훔쳐본 일 기억하느냐고 물었더니, "무슨 소리냐? 내가 그런 짓을 했을 리 없다"며 오히려 화를 냈다. 어리둥절한 표정과 태도로 보아 정말로 전혀 기억나지 않는 것 같았다.

친척 언니가 일기장을 몰래 훔쳐본 사건으로 인해 겪었던 모멸감과 굴욕감을 통해 나는 어른이라고 하더라도 어린아이들의 사생활을 함부로 침해하면 안 된다는 교훈을 얻었다. 나는 이 교훈으로 어린 남동생들을 돌보고 두 아들을 양육하면서 본인들이 자발적으로 고백한 일, 의논을 청한 일이 아니면 절대 꼬치꼬치 캐묻지 않는다는 원칙을 세우고 지키려고 노력했다. 그것은 엄마를 일찍 잃은 동생들은 물론 두 아들을 성공적으로 양육한 중요한 요소가 되었다. 그래서 지금은 친척 언니를 조금 용서할 수 있을 것 같다.

물론 내가 어린 동생이나 두 아들을 키우며 나보다 어린 사람들의 사생활을 침해하면 안 된다는 원칙을 고수한 것이 꼭 일기장을 훔쳐본 그 언니 때문만은 아니다. 기본적인 정신은 친정 부모님에게 배웠음에 틀림없다.

나는 어린 시절 내내 비가 오면 퇴근길에 붕어빵을 사들고 오셔서 기쁜 목소리로 자식들을 부르는 다정한 아버지를 둔 친구, 애들이 조르면 부침개를 해주는 자상한 엄마를 둔 친구들이 세상에서 가장 부러웠다. 그런데 어른이 되어 생각해보니 우리 부모님이 자식을 대하는 냉정한 태도에도 그 나름의 큰 장점이 있었다. 정직할 것, 남의 물건에 손대지 말 것, 남에게 폐 끼치지 말 것, 자기 일은 직접 처리할 것 등의 원칙을 세워놓고 반드시 지키게 한 엄격한 가정교육이 바로 그것이었다. 부모님이 먼저 이 원칙을 지키셨다. 어린 자식이 무슨 짓을 하고 다니는지 궁금하더라도 절대 일기장을 훔쳐보며 사생활을 침해하지 않으셨다. 심지어 장남이 가출한 후 자기 심경을 담아 끄적거린 노트도 함부로 펼쳐보지 않으셨다. 자식 앞으로 수상한 편지가 와도 본인의 허락 없이는 개봉하지 않으셨다. 다른 집 사람들이 그런 일로 다투었다는 소문이 들리면 "몰상식한 짓"이라며 비난하셨다. 그러면서 자식들에게도 절대 그런 짓을 하지 말라고 이르셨다.

그런데 최근까지도 자식의 일기장을 훔쳐보는 엄마들을 종종 본다. 자식들이 조금 크면 부모에게 쉬쉬하며 감추고 싶은 비밀들이 생기게 마련이다. 자녀에 대한 애착이 강한 부모일수록 자식에게 비밀이 생기면 마치 사고 칠 전조 증상처럼 느껴져 안절부절못하는 것을 볼 수 있다. 그래서 부모는 어쩔 수 없이 자식의 비밀을 알아야 하니 자식 몰래 일기장을 훔쳐본다고 주장하기도 한다. 그러나 내가 어린 시절에 경험한 바로는 내밀한 비밀이 담긴 일기장이나 사적인 물건들을 몰래 들여다보는 부모는 존경받기 어렵다. 부모가 자신의 일기장을 훔쳐보고 그 안에 기록된 밝히기 싫은 감정들을 체크한다는 사실을 자식이 안다면, 부모에 대한 신뢰가 깨져 자식은 이중 일기를 쓰거나 부모에게 들키지 않을 방안을 찾아낼 것이다. 당연히 부모에게 털어놓고 해결해야 할 문제도 말 못하게 되어 문제를 키울 가능성도 높다.

부모 자식 간에도 털어놓고 싶지 않은 사생활이 있는 법이다. 본인이 굳이 알리고 싶어 하지 않으면 자녀의 사생활 보호 차원에서 캐묻지 않는 것이 예의라고 생각한다.

"애가 방문 걸어 잠그고 무슨 짓을 하는지 도통 모르겠어요. 벌써 사춘기인가봐요. 겨우 열세 살인데요. 하여간 애가 이상해요. 갑자기 무슨 비밀이 그렇게 많은지 자꾸만 방문을 걸어 잠가요."

한 초등학교 5학년 학부모가 강의 끝에 남아서 이렇게 말하며 대책을 물었다. 사춘기는 감기나 몸살 정도가 아니라 홍역처럼 지독하게 앓고 지나가는 성장통이다. 그래서 부모는 대개 자녀가 갑자기 전에 없이 비밀이 있어 보이면 그걸 찾아내려고 물불 가리지 않고 아이의 소지품이나 일기장을 뒤진다. 지금은 일기 쓰는 아이들이 드물어서 휴대전화 문자나 카톡 내용 등을 뒤질 것이다. 그러나 이것은 아이들에게 사생활을 침해하는 인격 모독으로 받아들여진다. 사소한 비밀은 덮어주는 것이 부모에 대한 신뢰를 높이는 방법이다.

앞에서 자식이 부모에게 자신의 고민과 부끄러움, 아픔 등을 털어놓고 말하고 의논하는 것의 중요성에 대해 이야기했다. 그런데 왜 여기서는 자녀들의 비밀을 캐묻지 말고 사생활을 보호하라는 것인지 궁금할 것이다.

고민을 털어놓도록 하는 것과 비밀을 지켜주는 것은 별개의 문제다. 고민은 해결해야 할 문제이고, 비밀은 자기만 알고 싶은 사생활이다. 따라서 자녀가 고민거리를 부모에게 주저 없이 털어놓는 분위기를 조성하는 것은 매우 중요하지만, 자식이 굳이 털어놓고 싶어 하지 않는 사생활까지 캐묻지는 말아야 한다. 부모도 배우자가 알면 화낼 만한 물건, 자식들이 알면 부끄러울 만한 영상 등을 감추고 싶어 하는 것과 같은 이치다. 그런 것을 감춘다고 해서 사고치려는 것이 아니듯, 자식들도 마찬가지라고 믿어주어야 한다. 아마도 자식들이 부모에게 고민을 자발적으로 털어놓게 하는 가장 좋은 방법은 작은 비밀을 덮어주는 관용일 것이다.

04

언제

물어보셨어요?

"아니, 엉덩이하고 허리가 그렇게 많이 비틀어져서 어떡하니?"

"매일 운동해서 바로잡아야죠. 불가능한 건 아닌데, 30대라서 지금 시작하면 좀 오래 걸린대요."

"일찍 찾아내 교정을 시작했으면 얼른 끝낼 수 있었을 텐데……."

"할 수 없죠. 지금도 아주 늦은 건 아니라니 다행이에요."

작은아들이 군 제대하고 얼마 지나지 않아 주고받은 대화 내용이다. 허약 체질인 작은아들은 운동을 많이 시키는 미국 중·고등학교 시절에도 펜싱, 태권도 같은 개인 운동만 조금 했을 뿐, 몸을 쓰는 운동은 엄두도 못 냈다. 따라서 골격이나 근육 형태를 바로잡거나 진단할 기회가 없었다. 기초 체력을 다질 수 있는 달리기조차 힘겨워했다. 오래 달리면 심장 박동 수가 너무 높아졌다. 건강에 대한 걱정만 하다가 군에 입대했는데, 군 복무 중에 운동의 맛을 약간 본 모양이었다. 논산훈련소에서 특전사로 배치받았다. 자대에서는 매일 아침 무거운 군장을 메고 4~5킬로미터씩 달리는 구보를 했다. 처음에는 뛰면 심박동이 급격히 올라가 겁났으나 군대에서는 사정을 봐주지 않았다. 고생이 심했지만 엄살이 통하지 않으니 강행할 수밖에 없었다. 처음 뛸 때는 죽을 맛이었으나 차츰 익숙해졌다. 제대할 무렵에는 구보를 건너뛰면 오히려 몸이 찌뿌듯할 정도였다. 그 덕분에 제법 근육과 골격이 잡혔다.

아들은 제대하자마자 그동안 떨어져 있던 연인을 만나러 유럽으로 갔다. 그러나 열렬히 사랑했던 연인에게 실연당한 뒤, 운동 대신 술과 담배로 다시 몸을 망쳐버렸다. 귀국해서 실연의 아픔을 극복하는 동안 다시 해외로 나가 공부를 계속할지 국내에 머물며 돈벌이를 할지 고민했다. 군 복무 중에 만난 우리나라 청년들에게서 새로운 방식의 교육이 필요하다고 느낀 바 있어 일단 국내에서 교육 사업을 펼치기로 했다. 청년들도 돕고 괜찮은 수익도 낼 수 있다며 국내에서 교육 사업을 해본 뒤 출국하는 것으로 사회생활 계획을 짰다.

사업을 시작하며 동네 피트니스센터에 등록했다. 혼자 운동할 자신이 없다며 코치를 붙였다. 코치는 여러 과학적인 기기들을 동원해 아들의 골격 상태를 진단하더니 엉덩이와 척추가 많이 비틀어져 생체 순환이 잘 안 된다고 했다. 어릴 때부터 몸이 허약했던 것도 그 때문이란다. 지금부터라도 열심히 운동해서 근육과 골격을 바로잡으면 건강해질 수 있다는 코치의 말에 희망을 안고 열심히 피트니스센터에 다녔다. 운동을 시작한 지 몇 개월 뒤 작은아들이 나에게 "저는 지금까지 사람이 걸으면서 발바닥 전체를 바닥에 댄다는 것을 몰랐어요. 여태 양발 바깥쪽 가장자리만 땅에 대고 걸었거든요. 발바닥을 모두 바닥에 대고 걸으니 처음에는 넘어질 것 같아 불안했는데 이제는 훨씬 편안해요. 참 신기해요"라고 말했다. 나는 깜짝 놀랐다. 아니, 그동안 그것도 모르고 살았단 말인가? 나 자신에 대한 실망이 이만저만 아니었다. 심각한 표정으로 "어머나! 내가 그런 것도 모르고 있었구나"라고 말하자, 작은아들은 "엄마가 언제 그런 걸 물어보셨어요?"라고 장난스럽게 말했다. 그러나 나는 심각했다. 입이 열 개라도 할 말이 없었다. 그동안 아들에 대해 그 누구보다 잘 알면서 키웠다고 자부해왔는데, "언제 그런 걸 물어보셨어요?"라는 말이 매우 큰 울림으로 다가왔다.

그로부터 한참 지난 뒤, 미국에 살 때 오다가다 만난 적 있는 한 엄마를 강남의 한 미용실에서 만났다. 그녀는 미국에 살던 한국인 학부모들 사이에서 강남의 땅 부자로 유명했다. 미국 유학 중인 아들에게 수영장 달린 저택을 구입해 혼자 살도록 해주어 강남에서도 알아주는 부자라는 소문이 나돌았다. 나는 예전부터 부자에게 큰 관심이 없어, 우리 동네에 그런 부자도 있구나, 하는 정도로만 생각했다. 물론 내가 살던 곳은 미국의 시골이었다. 동네가 좁아 그녀와 마트에서 종종 부딪치긴 했다. 그런데 서울 강남에서 만난 그녀는 전혀 딴사람처럼 폭삭 늙어 보였다. 표정도 몹시 초췌했다. 나이가 있으니 그사이 불치병에라도 걸렸을지 모른다 싶었다. 미국에서 가끔 보았을 때는 외모 관리를 너무 잘해 실제 나이보다 열 살은 젊어 보였다. 그녀의 외모가 그렇게 변한 이유를 곧 알게 되었다.

미국 대학으로 유학을 간 아들에게 저택까지 사주었는데 그 집에서 쫓겨났단다. 국내에서는 엄마 말을 한 번도 거스른 적 없는 너무나 착한 아들이었다. 엄마가 다니라는 학원도 군말없이 잘 다녔다. 미국 유학도 본인의 뜻이라기보다 엄마가 원해서 간 것이었다. 엄마는 아들이 국내 최고 대학에 입학할 정도의 성적이 나오지 않자, 아예 영어만 공부해 미국 유학 쪽으로 방향을 바꾸었다. 그런 엄마의 작전이 성공을 거두어 미국으로 유학을 가게 되었고, 그것이 대견해 엄마는 아들을 위해 큰 저택을 사주었다. 마당에서 사슴이 뛰놀고 수영장도 있는 그런 집이었다.

미국에 저택을 사준 엄마는 아들에게 사전 예고도 없이 불쑥 찾아가곤 했다. 아들은 평생 그런 엄마의 비위를 맞추며 살아 별 불만 없었으나 사랑하는 여자가 생기더니 달라졌다. 여자를 처음 사귀게 된 아들은 사랑을 위해서라면 목숨까지 버릴 기세였다. 아들은 대학 캠퍼스에서 교민 여학생을 만나 사랑에 빠져 캠퍼스 커플로 행복하게 지냈다. 단기간의 불타는 연애 끝에 자기들끼리 결혼까지 했다. 그때부터 아들의 마음이 완전히 바뀌었다. 그런데 엄마가 예고 없이 불쑥 찾아오셨다. 부모에게도 알리지 않고 비밀 결혼을 했는데, 엄마가 불쑥 방문하자 당황한 아들은 엄마에게 같이 사는 사람이 생겼으니 지금은 집 안에 들어올 수 없다면서 인근의 호텔에 투숙하고 계시면 곧 모시러 가겠다고 말했다. 180도 달라진 아들의 행동에 놀란 엄마는 이유를 캐물었다. 아들은 순진해서 자초지종을 모두 털어놓았다.

아들이 몰래 결혼했다는 말에 엄마는 너무 큰 충격을 받아 다리의 힘이 풀리고 머리가 하얘져 그 자리에 털썩 주저앉고 말았다. 엄마는 평생 물질적, 정신적으로 온갖 정성을 다해 키운 아들이 몰래 결혼한 것도 모자라 여자 때문에 엄마를 집 안에 들이지 못한다고 하니 너무 기가 막혀 말도 나오지 않았다. 한 번도 엄마 말을 거스르지 않던 아들이 못된 여자 만나 지독하게 변했다는 생각이 들어 무슨 수를 쓰든 두 사람을 떼어놓아야겠다고 마음먹었다. 일단 현관문을 발로 차면서 "이 집은 내 집이다. 이놈아, 나가려면 네놈이 나가"라고 소리부터 질렀다. 아들은 비죽 얼굴을 내밀더니 "그렇게 큰 소리를 지르면 이웃집 사람들이 신고해 금세 경찰이 올 거예요. 경찰서에서 주무시기 싫으면 목소리를 낮추세요"라고 경고하더니, 다시 문을 닫고 들어가 한참 동안 잠잠했다. 엄마는 절망에 빠진 엄마를 무정하게 방치하는 아들이 괘씸하면서도 무슨 짓을 하려는지 몰라 내심 무척 불안했다.

잠시 후 아들은 가방을 잔뜩 싸들고 아내와 함께 나왔다. 아들은 "그럼 이 집 팔아서 도로 가져가시든지 여기서 그냥 사시든지 마음대로 하세요"라고 매몰차게 말하며 차고 쪽으로 돌아섰다. 엄마는 죽을힘을 다해 아들의 팔을 붙들고 "도대체 내가 너한테 뭘 잘못했니?"라고 애처로운 목소리로 물었다. 아들은 기다렸다는 듯 "엄마가 한 번이라도 내 생각을 물어보고 한 일이 있었어요? 모두 다 엄마 좋아서 한 일이잖아요. 엄마는 한 번도 내가 뭘 좋아하는지, 내가 뭘 원하는지 물어본 적이 없잖아요. 그리고 엄마가 좋으면 내가 싫어하건 말건 나를 이끌고 이 학원 저 학원 돌리다가 가기 싫다는 나를 친구 하나 없는 미국까지 보냈잖아요. 미국에 와서도 친구 좀 사귀려고 기숙사에 들어가겠다는데, 엄마 기분에 따라 큰 집을 사서 살라고 하셨잖아요. 친구 하나, 아는 사람 하나 없는 외국 땅에서 혼자 이런 집에 사는 게 얼마나 외롭고 무서운지 알기나 해요? 나는 태어나서 처음으로 내가 좋아하는 일을 할 수 있다는 것을 알았어요. 바로 저 여자 만나 결혼한 거요. 그런데 엄마는 그것마저 방해하려는 거잖아요. 더 이상은 안 돼요. 제가 국제 미아가 되더라도 더 이상 엄마 말만 듣고 살지는 않을래요. 그러니 원하면 이 집 팔아서 가져가시고 학비도 더 이상 주지 마세요. 제가 아내와 알아서 살게요"라고 딱 부러지게 말해 더 이상 할 말이 없더란다. 자식 이기는 부모 없다고, 그녀는 오히려 아들에게 빌고 또 빌어서 겨우 그 집에서 그냥 살라고 부탁한 뒤 혼자 귀국했는데, 서울로 돌아와서 생각해보니 자기 인생이 이게 뭔가 싶더란다. 자기가 식당 종업원으로 시작해 강남 땅 부자가 되기까지 겪었던 온갖 수모와 고난들이 수포로 돌아가 그저 멍하게 지내다가 친구들의 성화에 못 이겨 오랜만에 미용실에 나온 거란다. "내가 억척스럽게 돈을 번 것도 돈 없는 고생이 뭔지 너무 잘 알아 아들한테는 그런 고생 안 시키려던 건데, 이렇게 부모 맘을 몰라주네요." 그녀는 여러 사람이 들어도 괜찮다는 듯 눈물이 그렁그렁한 얼굴로 그간의 경위를 설명했다.

그녀의 슬픈 모습 위로 세상에서 가장 하기 어려운 것이 엄마 노릇이라는 생각이 겹쳐 지나갔다. 자기희생을 감수하며 온갖 고생을 다 해 자식을 키우고도 그런 결과를 얻는다면 누구나 그녀처럼 허탈해질 것 같았다. 그러나 그녀에게는 정말 미안했지만 나는 그녀의 아들이 엄마보다 훨씬 안됐다는 생각이 들었다. 태어나서 지금까지 자기 의지라고는 한 번도 펴보지 못하고 엄마가 이끄는 대로 끌려다니느라 인생에서 가장 빛나는 청춘의 시간들이 대부분 지나가버렸으니 말이다. 그래도 그 아들은 마음 독하게 먹고 엄마에게 자기주장을 관철했지만 평생 엄마의 의지에 대항하지 못하고 불행하게 사는 자녀들이 많을 거라는 생각에 마음이 짠했다.

결혼한 성인들에겐 자녀 양육이 세상에서 가장 어려운 과제임에 틀림 없다. 부모가 자식에 대해 너무 잘 알아도 문제, 너무 몰라도 문제니 말이다. 부모가 되면 자식에 대해 얼마나 알아야 하느냐가 자식 잘 키우는 황금률일 것이다. 최근에 연애사까지 엄마에게 고해바치는 마마보이라서 이혼당했다는 남자들이 늘고 있다는 보도를 접한 적이 있다. 엄마가 아들에게 어렸을 때부터 엄마에게 비밀이 있으면 안 된다고 세뇌시켜 성인이 된 후에도 연애 중에 일어난 스킨십까지 낱낱이 보고하는 남자들이 늘고 있다는 것이다.

그보다 더 큰 문제는 엄마가 아들의 연애사를 전해 듣고 끝내는 것이 아니라 엄마 시대의 기준으로 코치를 해 자식의 행복을 망치는 경우가 많다는 것이다. 성 의식이 나날이 개방되는 요즘 시대에 엄마 시대의 보수적인 연애 상식으로 "여자애가 너무 야한 것 같다", "그런 여자애들은 바람기가 너무 많아 두고두고 네 속을 썩일 것이다. 딴 애를 찾아보자" 등의 말로 아들의 마음을 불안하게 만들어 연애는 물론 결혼한 뒤에도 이혼에 이르는 경우가 적지 않다는 것이다. 딸도 마찬가지여서 친정엄마가 사위와의 성생활까지 개입하고 이혼 여부도 엄마 마음대로 결정하는 경우가 늘고 있다고 한다. 그러나 자식의 연애사에 적극적으로 개입하는 엄마도 자기 문제에서는 태도가 달라질 것이다. 남편이 시어머니에게 자신과의 내밀한 성생활과 관련된 대화나 행동을 고해바친다면 지독하게 싫을 것이다. 그런 마마보이 남편은 싫어하면서 아들을 그보다 더한 마마보이로 키운다면, 아들이 아무리 크게 성공하더라도 행복하게 잘 살기 어렵다는 점을 자각할 필요가 있다. 그렇다고 자식과 너무 거리를 두어 자식의 몸이나 심리 상태, 학교나 사회에서 겪는 고통에 대해서 너무 모르는 것도 문제다.

초등학교 4학년 여학생 어머니로부터 전화를 받았다. 보통은 그런 전화에 일일이 대응해주지 못하는데, 다급한 것 같아 이야기를 들어주었다. 내용을 요약하면 이렇다. 어느 날 학교에 다녀온 딸의 얼굴이 어두워 보였다. "별일 없었니?"라고 물으니 딸은 고개를 푹 숙인 채 "아무것도 아니에요"라고 대답했다. 그냥 피곤해서 그런가 하고 넘어갔다. 그렇게 며칠이 지났다. 딸애가 밥맛이 없다며 밥을 거의 먹지 못했다. 몸살인가 싶어 약만 사다주었다. 그런데 며칠 후 등교 시간이 되도록 침대에서 일어나지 못하고 늘어졌다. 놀라서 결석시키고 병원에 데려갔더니, 심한 스트레스로 심신 쇠약이 위험 수위까지 와 있다는 진단이 나왔다.

스트레스의 원인을 추적해보니 반 애들에게 따돌림을 당하고 있었다. 퀸카로 불리는 같은 반 여자애한테 괴롭힘을 당한 것이 직접적인 원인이었다. 퀸카의 괴롭힘은 정교했다. 어른이 들어도 소름 끼칠 정도였다. 퀸카는 반 아이들에게 딸과 놀지 말라고 경고해놓고 자기는 딸에게 항상 친절하게 대했다. 새로 산 옷을 입고 등교하면 다른 애들 앞에서 "야, 정말 멋지다"라고 상냥한 미소로 칭찬하고는 딸아이 귀에 대고 "너 또 새 옷 입고 학교 오면 죽는다"와 같은 협박의 말을 속삭였다. 선생님의 질문에 손들고 대답을 잘하면, "와, 대단하다"라고 공개적으로 칭찬하고는 조용히 다가와서 "너 선생님 눈에 띄게 어려운 문제에 손들고 대답하면 재미없어"라고 속삭이며 협박했다. 퀸카는 항상 딸에게 친절하게 굴어 담임 교사도 둘이서 친한 줄 알고 있었다. 딸은 퀸카의 그런 이중성 때문에 엄마도 선생님 말만 듣고 자기를 믿어주지 않을까 두려워 고백하기 어려웠던 것이다. 엄마는 나에게 그간의 사정을 말하면서 딸아이가 그 지경이 되도록 사정을 알아보지 못한 죄책감에 계속 울먹였다.

자식의 일거수일투족을 알려고 들어도 문제, 속으로 겪는 문제를 너무 몰라도 문제니 부모 노릇이 어려운 것 같다. 다행히 요즘은 세상이 좋아져서 엄마가 자녀에게 조금만 신경 쓰고 보살피면 어린 나이에 근육이나 골격 상태를 진단하고 바로잡아줄 수 있다. 교우관계에서 오는 심리적 압박도 알아내기만 하면 상대 학부모 등과 담판을 짓거나 그것이 통하지 않으면 학교나 사회가 마련해둔 여러 계통을 통하거나 절차를 밟아 해결할 수 있다. 그러나 자식이 겪는 정신적 문제를 조기에 발견하기는 여전히 어렵다. 그래서 항상 자녀의 표정과 행동을 유심히 살필 필요가 있다. 자녀의 표정이나 태도가 평소와 달라 보이면 "밥은 잘 먹고 다니니?", "몸은 괜찮니?"라고 상투적으로만 묻지 말고 "얼굴이 창백하구나. 학교에서 속상한 일 있었지?", "오늘 뭐 기분 나쁜 일이 있었나보네"라며 구체적으로 묘사해 본인의 입으로 복잡한 심리를 실토하게 해야 한다. 그러나 자식이 아무리 귀해도 사춘기 이후로는 자기 일을 스스로 해결하도록 놔두고, 자식이 요청할 경우에만 개입하는 것이 진짜로 자식을 위하는 길임을 명심하자.

05

대화법을 바꾸니
아이들이 변하던데요?

"도대체 왜 문을 안 열어? 정말 안 열 거야? 엄마가 우습니?"

"……."

"언제부터 너희가 그처럼 무례하게 굴었지?"

나는 흥분해서 아이들 방문을 발로 걷어차며 외쳤다. 큰아들이 방문을 얼굴 반만큼 열고 삐죽 내다보았다.

"문 활짝 열지 못해?"

나는 방문을 거칠게 열어젖혔다. 큰아들은 얼굴이 벌겋게 상기되어 있었다. 지금 생각해보면 심한 모욕감을 느꼈음에 틀림없으나 그때는 아무런 생각도 하지 못했다. 큰아들이 의외로 똑 부러지게 말했다.

"엄마가 언제부터 저희에게 그렇게 관심이 많으셨어요?"

기가 막혔지만 할 말이 없었다. 그러나 엄마 대접을 받지 못한 것 같아 일단 소리부터 질렀다.

"뭐야? 그걸 말이라고 해?"

그러나 큰아들은 차분한 목소리로 냉정하게 말했다.

"한국에서 학교 다닐 때는 준비물을 제대로 챙겨갔는지 숙제를 다 했는지 관심도 없으셨잖아요?"

말수가 적은 큰아들의 날카로운 지적에 나는 약간 겁이 났다. 오래전부터 두 아들에게 대들 권리를 주었다는 것조차 잊고 나는 더욱 흥분했다. 말에 두서가 없고 횡설수설해졌다.

"왜 엄마가 너희 일에 관심이 없어? 그랬다면 너희가 엄마 따라 미국까지 왔겠어? 엄마는 뭐 너희를 미국까지 데려오고 싶었는 줄 알아? 엄마 공부에 방해된다는 걸 알면서도 아빠 혼자 너희 둘을 감당할 수 없어서 데려온 거잖아."

마침내 이런 막말까지 해버렸다. 자식은 보통 양측 부모가 서로 부양 책임을 전가하면 버림받은 느낌이 들어 좌절한다는데, 내가 아들에게 그런 느낌을 준 셈이었다. 큰아들의 얼굴색이 눈에 띄게 창백해졌다. 그러더니 말없이 방문을 닫고 딱 소리가 나게 문을 잠가버렸다. 순간 지독한 후회와 소외감이 몰려왔다. 그러나 그땐 자식에게 어떤 상처를 주었는지 헤아릴 여유조차 없었다. 아들에게 받은 상처만이 아플 뿐이었다.

"아! 이래서 다른 엄마들이 자식 키우기 힘들다고 하소연하는구나. 자식에게 이런 모욕을 받다니."

분한 생각들만 머리를 어지럽혔다. 양보하고 물러서기에는 자존심이 허락하지 않았다. 나는 다시 목소리를 높여 외쳤다.

"내가 할 말은 해도 된다고 했지, 엄마가 말하고 있는데 방문 닫고 들어가 문 잠그라고는 하지 않았잖아. 엄마를 뭘로 보는 거야? 당장 문 열지 못해?"

그러나 고요했다. 초조했다. 다시 방문을 발로 걷어차려는 순간, 큰아들이 방문을 빼꼼 열고 고개를 다시 반만 내놓은 채 전혀 아무 일 없었던 듯이 물었다.

"왜요?"

막상 뭔가 얘기하려니 할 말이 떠오르지 않았다. 그러나 그냥 물러서면 부모 자격을 박탈당하기라도 할 것 같아 잠시 버티고 서 있다가 곧 약간 이성을 찾아 조금 차분하게 말했다.

"그렇게 엄마 잔소리가 싫으면 내일이라도 비행기 표 끊어줄 테니 아빠한테 돌아가든지. 미국까지 와서 비싼 달러 쓰면서 컴퓨터 게임만 하면 돈 보내주시는 아빠가 얼마나 속상하겠니? 그렇게 낭비할 바에는 내일이라도 서울로 돌아가는 게 나을 것 같아."

내 말이 내 귀에도 최후통첩처럼 들렸다. 그때 갑자기 큰아들의 고개 아래로 작은아들이 고개를 내밀었다. 큰아들은 묵직하고 작은아들은 유머러스한 편이었다. 작은아들이 애교스러운 목소리로 "왜 그러세요, 엄마. 그렇게 말씀하시니까 우리 엄마 같지 않아요. 어떤 집 무식한 엄마 같아요. 우리 엄마는 교양 있는 분이시잖아요"라고 말해 분위기를 반전시켰다. 나는 어이가 없어 피식 웃고 말았다. 슬그머니 싸움을 그쳐도 될 것 같았다. 그제야 두 아들과 실랑이하느라 새벽 2시가 넘은 것을 깨달았다.

미국에 온 두 아들은 현지 친구들을 사귀기 전까지 두 달 이상을 방과 후부터 새벽까지 둘이서 컴퓨터 게임만 했다. 땅덩어리가 큰 미국의 시골은 모든 것이 멀리 퍼져 있어 약국이나 슈퍼마켓에 갈 때도 차를 몰고 가야만 한다. 게다가 모두 체육관만 한 대형 건물들이다. 한 번 가면 일주일 이상 쓸 물건을 구입하는 것이 보통이다. 그렇다보니 다 큰 청소년들도 열일곱 살이 되어 운전면허를 따기 전까지는 부모가 학교나 놀이장소 등에 태워다줘야 한다. 피가 펄펄 끓는 청소년들이 걸어서 갈 수 있는 곳이라고는 아파트 단지 내 농구장, 축구장, 소형 피트니스센터 정도밖에 없다. 친구가 많은 애들은 부모들이 순번제로 돌아가면서 아이들을 친구 집이나 쇼핑몰 같은 곳에 단체로 데려다주고 시간을 정한 뒤 데리러 간다. 땅이 넓은 미국에서 태어난 아이들이 오히려 자동차를 몰 수 없어 땅을 밟고 놀기보다 쇼핑몰 같은 대형 시설 안에 갇혀서 놀아야 하는 것이 아이러니다.

그렇다보니 한국에서 막 미국으로 온 두 아들이 할 수 있는 것이라고는 컴퓨터 게임밖에 없었다. 교과서도 모두 영어로 되어 있으니 책만 보면 잠이 오는 형편이었다. 두 아들의 그런 상황이 이해 안 되는 것은 아니었다. 그래서 처음 한두 달은 컴퓨터 게임을 해도 크게 제한하지 않았다. 그러나 미국 생활에 익숙해져 숙제를 해야 하는데도 여전히 게임만 하다가 새벽이 되어서야 건성으로 숙제를 해가곤 했다. 잠을 설쳐 수업에 지장을 받을 것이 자명해 엄마로서는 제동을 걸지 않을 수 없었다. 더구나 두 아들이 하는 게임은 대부분 승부가 걸린 배틀이어서 게임에 집중하면 흥분해 늦은 밤까지 소리를 질러댔다. 미국의 시골 아파트는 대부분 조립식 건물이어서 큰 소리가 위, 아래, 옆집까지 다 들린다. 미국 사람들은 대부분 집에서 시끄러운 소음을 많이 내기 때문에 그냥 넘어가지만, 간혹 신경이 예민한 사람이 이사 오면 소음 발생 즉시 관리사무소에 고발한다. 같은 집이 소음 건으로 세 번 이상 고발당하면 관리사무소가 임의로 퇴출시키게 되어 있다. 남의 나라에서 새로 집을 구해 이사하려면 생각보다 복잡하다. 퇴출당하면 그 기록이 따라다녀 더 좋은 집을 얻을 수 없는 경우도 꽤 많다. 미국은 직장을 옮길 때 이전 직장 상사의 평판을 체크하는 곳이 많다. 이사할 때도 마찬가지로 이전 동네 평판을 중요시하는 곳들이 있다. 처음에 미국 와서 잠시 학교 아파트에 살다가 민간인 아파트로 이사 올 때도 수속이 여간 복잡하지 않았다. 두 번 다시 그런 일을 하고 싶지 않은데, 두 아들이 늦은 밤에 큰 소리로 떠들며 컴퓨터 게임을 해 항상 불안했다.

그날은 특히 몰입이 필요한 숙제가 있었다. 두 아들이 게임을 하며 떠드는 소리 때문에 점점 예민해져 몰입을 할 수가 없자, 드디어 그동안 참 았던 불만이 한꺼번에 터진 것이었다. 두 아들은 한국에 있을 때는 엄마 가 정해준 원칙만 지키면 거의 간섭받지 않고 살아 미국에서 시작된 엄마 의 간섭이 무척 낯설어 거세게 반발했던 것이다. 게다가 10대 사춘기이 니 오죽했을까? 모자간의 싸움은 나날이 치열해졌다. 싸움은 시작을 하 지 말아야 한다. 일단 시작하면 멈추기가 어려운 속성 때문이다. 간단한 일로 상대방의 기분을 상하게 하면 상대방은 더 보태서 기분을 더 많이 상하게 해야 이길 수 있다고 생각해 서로 점차 감정이 고조된다. 감정의 에스컬레이터가 심화되면 고장 난 자전거처럼 뭐에 부딪혀 펑 터져야 멈 춘다. 그날 우리 모자간의 싸움이 그랬다.

그날 나는 두 아들이 세상에 태어난 이후 가장 치열하게 싸웠다. 그 후 유증은 참으로 오래갔다. 아마도 내가 자녀와의 대화법을 발견하고 실행 하지 못했다면 우리 아이들은 지금과 많이 달랐을 것이다. 나는 맞벌이 를 핑계로 관찰하지 못한 두 아들의 여러 습성과 태도를 곁에서 보게 되 면서 매우 실망했다. 남의 손에 맡겨서 키워 두 아들에 대한 환상만 가지 고 있다가 실체를 본 느낌이었다. 아이들을 어떻게 대해야 갈등 없이 평 화롭게 지낼 수 있을까? 답답하기만 했다. 답이 보이지 않았다. 그동안 몰랐던 두 아들의 좋지 않은 습관, 태도, 행동 등이 모두 신경을 자극했 다. 이대로 가다가는 여느 사춘기 자녀와 부모의 관계보다 더 나빠질 위 기에 처할 것이 뻔했다. 나를 포함해 맞벌이 엄마들은 자식과 많은 시간을 함께 보낼 수 없는 것을 가장 안타까워한다. 그러나 막상 자식과 많은 시간을 함께할 여건이 되면 자식의 태도가 마음에 들기 어렵겠다는 생각이 많이 들었다. 엄마인 내가 스스로 마음을 다잡아 냉정을 유지하지 못하면 지금까지 두 아들에게 자율권을 주고 스스로 진로를 찾도록 한 일은 물론 부모 노릇 잘하려고 했던 일들까지 모두 무효가 될 것 같은 위기감에 초조해졌다. 그래서 일단 싸움을 접고 내 숙제부터 마치기로 했다. 그러나 이미 마음이 산만해지고 두 아들과의 싸움으로 진이 다 빠져 새벽 5시까지 씨름했지만 숙제를 마칠 수 없었다. 나에게 꼭 필요한 개인 대 개인 간 커뮤니케이션(personal communication) 방법론 수업으로, 까다롭기로 유명한 교수님 수업이어서 못해가면 절대로 안 되었다. 수강생들에게 인기가 높아 숙제를 못해가면 바로 탈락시켰다. 항상 대기자들이 줄을 지어 기다린다고 했다. 탈락 전과가 있으면 다음 학기 재수강도 어렵다는 소문이었다. 그런 과목의 숙제를 못한 것이었다.

미국 대학의 장점은 학생이 애로사항을 교수님 방에 가서 언제든지 직접 의논할 수 있다는 점이다. 나는 담당 교수님을 찾아가 40대 한국 아줌마답게 뻔뻔할 정도로 당당하게 재수강을 허락해달라고 간청했다. 너무 끈질기게 부탁하니 숙제를 못한 이유와 교수님이 나를 재수강시켜야 할 이유를 대라고 하셨다. 두 아들과 싸운 상황과 재수강시켜야 할 이유를 서툰 영어로 자세히 설명했다. 미국에 입국한 지 얼마 안 돼 정말이지 내 영어 실력은 원어민들이 알아듣기 어려운 수준이었다. 지난 20년간 영어를 섞어 쓰면 불이익을 받던 아나운서로 일해온 터여서 학창 시절에 배운 영어마저 까먹은 형편이었다. 지금은 그런 면에 덜 엄격하지만 예전에는 아나운서가 방송에서 영어를 섞어 쓰면 선배들에게 혼쭐이 나곤 했다. 심하면 시말서를 제출하거나 인사위원회에 회부될 수도 있었다. 미국에 온 것도 갑자기 결정한 터라 영어 공부를 미리 해둘 여력이 전혀 없었다. 지금 생각해보면 그런 상황에서 미국에 가서 공부한다는 근거 없는 자신감이 어디에서 나왔는지 잘 모르겠다. 하여간 그런 영어 실력으로 열심히 상황을 설명하자 교수님이 새로운 과제를 주셨다. 교수님의 지시대로 두 아들과 대화를 나누어보고 그 상황을 퍼스널 커뮤니케이션 관점에서 A4 용지 넉 장 정도로 리포트를 써오라는 것이었다.

교수로부터 리포트를 받아 든 나는 솔직히 기대보다 실망이 컸다. 두 아들과 대화하는 방법에 대한 지시가 너무 간단해 쓸 말이 없을 것 같았던 것이다. 첫째, 귀가해서 두 아들이 열심히 컴퓨터 게임을 하고 있어도 화내지 말고 마음을 가라앉힐 것. 잘 가라앉지 않으면 화장실에 들어가 호흡을 조절해 어느 정도 평정심을 찾은 후 아이들을 만날 것. 둘째, 두 아들의 잘잘못을 절대로 언급하지 말고 "언제까지 할 거니?"라고만 상냥하게 물을 것. 이것이 가장 자신 없는 항목이었다. 보나마나 두 아들은 서로 소리를 지르며 컴퓨터 게임으로 승부를 즐기고 있을 텐데, 그 꼴을 보고도 상냥하게 말할 수 있을지 걱정이었다. 그러나 교수님의 지시대로 실행해야만 숙제를 제대로 마칠 수 있을 것 같았다. 셋째, 두 아들이 게임을 더 하겠다고 말하면 원하는 시간을 말하게 할 것. 자기 입으로 말해야 시간 약속을 지킬 가능성이 높아진다는 것이었다. 그리고 두 아들이 보지 않는 데서 정확히 시간을 잴 것. 주먹구구식으로 시간 다 됐다며 그만하라고 말하지 말고 약속한 시간을 정확히 체크해 보여주면서 시간이 다 되었음을 알릴 것. 그 수업에서 탈락하지 않으려면 반드시 숙제를 마쳐야 했다. 나는 굳게 마음먹고 수업을 마치자마자 서둘러 귀가했다.

내 기분 때문인지 두 아들은 보통 때보다 더 신나게 떠들며 컴퓨터 게임에 빠져 있었다. 심지어 엄마가 귀가한 것도 몰랐다. 예전 같으면 엄마가 집에 온 것도 모르고 그럴 수 있느냐며 따졌겠지만 나는 일단 숨고르기를 해서 평정심을 유지하려고 화장실로 직행했다. 숨고르기를 하는 데 꽤나 오래 걸렸다. 마음을 가다듬고 아이들 방문에 노크를 했다. 두 아들이 조심스럽게 얼굴을 내밀었다. 나는 가급적 평온한 목소리로 "그 게임 몇 시까지 하면 돼?"라고 물었다. 며칠 동안 컴퓨터 게임 문제로 다투어온 터라 아이들의 얼굴에 놀라는 빛이 역력했다. '우리 엄마가 왜 달라지셨지?'라는 의심의 빛도 숨기지 않았다. 잠시 침묵이 흐른 뒤 상황 판단이 빠른 큰아들이 마치 엄마 마음 변하기 전에 적당한 시간을 벌어두자는 듯이 "한 시간만 더 할게요"라고 말했다. 자기들 입으로 한 시간만 더 한다고 말하도록 유도하라는 교수님의 말씀대로 되었다. 그 순간 나는 두 아들을 키우면서 대화를 해본 적이 없음을 반성했다.

그 무렵 나는 수업 시간에 대화의 본질에 대해 공부하고 있었다. 여러 복잡한 이론이 많지만 '대화란 내가 하고 싶은 말을 내뱉는 것이 아니라 상대방의 마음을 열어 그 사람이 숨겨둔 생각을 끄집어내도록 하는 것'이 본질이었다. 그런 의미에서 나는 누구와도 대화를 해본 적이 없었다는 생각이 들었다. 당시에는 방송이 일방적인 메시지 전달뿐이었다. 집에서도 상대방의 생각을 물어보지 않고 거의 내 마음대로 결정하고 통보만 했다. 남편에게도 왜 늦게 귀가하는지, 왜 벗은 옷을 빨래통에 넣지 않는지 묻지 않고 화부터 냈다는 생각이 들었다. 두 아들에게도 "숙제는 왜 안 하니?", "컴퓨터 게임 제발 그만 해라", "장난감 가지고 놀았으면 제자리에 가져다놔라" 등 일방적으로 지시만 했었다.

여러 복잡한 생각을 머리에 담고 내 방으로 건너와 큰아들이 말한 한 시간을 재려고 초시계를 눌렀다. 그러고 나서 숙제를 시작했다. 내용은 저절로 반성문이 되었다. 정말로 쓸 말이 많았다. 그러나 두 아들이 약속한 한 시간이 가까워오자 다시 마음이 초조해져 글이 써지지 않았다. 과연 두 아들이 약속한 한 시간 만에 게임을 끝낼 것인가만 염려되었다. 마침내 55분을 넘기자 초조해서 의자에 앉아 있을 수가 없었다. 초시계를 손에 쥐고 방 안을 서성였다. 59분부터는 아예 애들 방문 앞에서 시계 초침만 바라보며 서 있었다.

정확히 한 시간이 되었다. 두 아들은 여전히 목소리를 높여 신나게 게임을 하고 있었다. 나는 침착해지려고 노력하며 초시계를 쥐고 조용히 아이들 방문을 열고는 말없이 시계를 내밀었다. 두 아들은 놀란 얼굴로 나를 바라봤다. 나는 두 아들에게 말했다. "약속한 한 시간 다 됐네." 그러자 아이들은 난감한 표정을 지었다. 큰아들이 "큰일이네, 지금이 클라이맥스인데. 엄마, 30분만 더 주시면 안 돼요?" 그 어느 때보다 당당한 목소리였다. 내일 컴퓨터할 시간에서 30분을 공제하기로 하고 허락했다. 아예 시계를 맡기고 알아서 시간 되면 마치라고 했다. 물론 이런 행동도 과제에 포함되어 있었다.

과연 10분이 지나자 두 아들이 컴퓨터 게임을 끝마쳤다며 초시계를 들고 내 방으로 건너왔다. 신기한 경험이었다. "아이들도 자기들 입으로 한 약속이라서 어기지 않는다"라는 교수님의 말씀에 강한 신뢰가 느껴졌다. 그날의 숙제는 저절로 잘되었다. 그리고 이후 3년 넘게 미국 대학에서 받은 그 어떤 교육보다 이날의 숙제가 나와 두 아들의 인생을 바꾸는 계기가 되었다. '대화란 내가 하고 싶은 말을 일방적으로 털어놓는 것이 아니다. 그가 하고 싶은 말을 털어놓도록 하고 내 솔직한 생각과 조율해서 합의점을 찾는 것이다'라는 개념이 머리에 완전히 새겨진 것이다. 그렇게 해서 나는 두 아들과의 대화법을 완전히 바꿀 수 있었다. 그것은 두 아들과 좋은 관계를 유지하는 비결이 되었을 뿐 아니라, 두 아들이 성적과 인성, 행복, 사회적 성공을 거둔 주춧돌이 되었다. 그래서 나는 학부모들을 만나면 자녀들과 대화하는 법만 제대로 배워서 실천해도 육아 걱정에서 해방될 수 있다고 자신 있게 말한다.

4장

완벽한
부모 노릇이 자녀를
무능하게 만든다

내 자식을 다른 엄마만큼 못 챙겨줘서 미안하신가요? 너무 미안해하지 마세요. 어린 아기도 하고 싶은 일은 직접 하고 싶어 해요. 엄마가 너무 잘 챙겨주면 오히려 자기 할 일을 하지 않아도 되는 잘못된 습관이 생길 수 있어요. 엄마가 잘 챙겨주지 못해도 마음으로 사랑을 보여주면 아이 들도 엄마가 힘에 부쳐 못해주는 것을 알고 스스로 해결할 방법을 찾을 거예요. 그래야만 커서도 삶에 대한 열정이 꺼지지 않는답니다.

01

제발 나 좀
내버려두세요

"엄마가 그렇게 기대앉지 말고 똑바로 앉으라고 했지?"

"네, 알아요, 엄마."

"금방 대답하고 또 기댄다."

"안 그럴게요, 엄마."

"불빛이 어두운 구석에서 책을 보면 눈 나빠진다고 했어, 안 했어?"

"했어요."

"그럼 그렇게 읽으면 돼, 안 돼?"

"안 돼요."

"안 된다면서 그냥 그렇게 읽고 있어? 머리가 나쁜 거니, 아니면 엄마 말이 우습니?"

같은 동네에 살아 가끔 찜질방에 함께 다닌 후배가 오늘은 딸을 데려가도 되느냐고 물었다. 나는 "물론이지. 나도 네 딸이 얼마나 컸는지 보고 싶어"라고 흔쾌히 말했다. 후배의 딸은 아기 때 한 번 본 이후 이날 처음 보았다. 벌써 초등학교 4학년이라니, 정말 세월이 빠르다는 생각이 들었다. 후배는 잡지사 편집부 기자였다. 회사 일이 너무 바빠 딸과 함께 시간 보내기가 정말 힘들단다. 딸아이가 특기 학원부터 공부 학원까지 다니느라 바쁘고 엄마도 회사 일로 바쁘니 함께할 시간이 없다고 한다. 이날은 모처럼 딸의 학원 선생님에게 사정이 생겨 쉰단다. 나는 후배가 딸을 데리고 나타날 때까지 아기였던 아이가 얼마나 자랐는지 궁금해서 가슴이 설레기까지 했다.

그런데 후배는 딸이 옷을 갈아입자마자 폭풍 잔소리를 시작했다. 앉는 자세, 책 읽는 장소와 간식 선택, 먹는 방법 등 모든 행동을 일일이 지시하고, 금세 고치지 않으면 고쳐질 때까지 반복해서 고치도록 강요했다. 딸은 조금도 반항하지 않고 모두 복종했다. 나는 후배의 딸이 엄마의 지시를 하나도 거스르지 않고 모두 수용하는 것이 신기했다. "야! 네 딸은 어쩌면 그리도 착하니? 엄마의 말에 한 번도 반발을 안 하네?"라고 말하자, 후배는 정색을 하며 "왜 반기를 들어요. 내가 틀린 말 하나도 안 하는데. 그리고 저 좋으라고 하는 말인 줄 알 나이도 되었고. 게다가 반발하면 내가 가만두지 않지"라며 목소리를 높였다. 딸이 반항하면 당장 멱살이라도 움켜쥘 태세였다. 나는 멋쩍은 미소로 "열내지 마. 네 딸이 요즘 애들 같지 않게 너무 신통해서 하는 소리야"라고 말했다. 그러나 내내 후배의 딸은 정말로 엄마 말을 모두 받아들이는 걸까 하는 생각이 들었다. 초등학교 4학년이면 자아가 자랄 만큼 자라고 사춘기 증세가 나타날 만도 한데……. 한편으로 후배의 입장도 충분히 이해되었다. 딸과 마주할 시간이 절대 부족하니 볼 때마다 잘못된 태도나 습관을 바로잡아주어야 한다는 의무감에 사로잡히지 않을 수 없었을 것이다. 그러나 할머니들이 자녀를 키우던 시절에는 이런 문제를 예방할 수 있는 자녀 양육 방법이 있었다. 어릴 때부터 딸은 엄마의 부엌일을 돕고 아들은 아버지의 농사 일이나 가게 일을 도우면서 자기 일을 스스로 처리해나가는 것이 보편적이었다.

산업화가 급진전되면서 대가족이 해체되고 한 동네에서 대를 이어 사는 생활 형태가 무너지는 동시에 핵가족화가 가속화되었다. 이 과정에서 훌륭한 전통 육아법이 무너지고 자식은 오로지 공부만 잘하면 모두 용서받았다. 그렇다보니 부모의 희생마저 당연시하게 되었다. 부모는 부모대로 정작 예전부터 내려온 인성을 키울 수 있는 좋은 육아법을 전수받지 못하고, 무조건 희생하고 자식을 위해 살아야 한다는 원론적인 양육 방법만 이어받아 불필요한 고생을 하는 부모가 많은 것 같다.

다행히 우리 친정은 종갓집이어서 형제들이 전통 가정교육을 비교적 많이 받으며 자랐다. 부모님은 우리 5남매 모두 걸음마를 할 때부터 시작해 앉는 자세, 걸음걸이, 수저 드는 법, 어른들과 함께 식사할 때의 예절, 타인을 대하는 매너, 틈틈이 책 읽기 훈련 등을 여섯 살 넘기기 전에 모두 마쳤다. 훗날 미국에서 공부하던 중 아동심리학 강의를 들으며 인간의 모든 습관은 여섯 살 이전에 80퍼센트 이상 결정된다는 연구 결과를 접하고는 놀랐다. 미국에 한 번도 가본 적 없는 부모님의 육아법이 너무 현명했기 때문이다. 과학적으로 정리되어 있지 않았을 뿐, 충분히 좋은 전통적인 육아법이었던 것이다.

전통적인 가정교육을 받은 우리 형제들은 자라면서 부모님으로부터 자세나 태도 문제로 잔소리를 들은 기억이 거의 없다. 장남이 공부 문제로 아버지와 자주 충돌했지만 생활 태도와 예절에 관해서는 충돌한 기억이 없다. 아버지께서 내가 결혼하고 연년생으로 두 아들을 낳자 "너희 형제는 여섯 살 이전에 모든 예절 교육을 마쳤다. 네 두 아들도 그렇게 훈련시켜두어야 나중에 네가 고생을 덜한다. 그것이 우리나라 가정교육의 전통이다"라고 알려주셔서 우리 형제들도 태어나면서부터 잘한 것이 아니라, 어릴 때 훈련을 받아서 그런 것임을 알게 되었다. 아주 좋은 방법인 것 같아 나도 고스란히 받아들이기로 했다.

그런데 작은아들은 아주 어릴 때부터 한자리에 오래 앉아 있지 못했다. 책상 앞에 5분만 앉아 있으면 바로 드러눕거나 엎드려서 책을 읽었다. 몸이 약해서 그럴 거라고 여겨 의자에 똑바로 앉아서 공부하라고 성화대지 않고 내버려두더니 잔소리할 일이 거의 없었다. 그래서 나는 부모가 자식에게 폭풍 잔소리를 쏟는 것에 익숙하지 않았다.

딸을 데리고 찜질방에 온 후배와 헤어진 뒤 만약 우리 두 아들이 후배의 딸처럼 초등학교 4학년 때 그런 식으로 사사건건 잔소리를 들었다면 "엄마, 제발 저 좀 내버려두세요"라며 열 번도 더 반항했을 거라는 생각이 들어 혼자 피식 웃었다. 그래서 나는 자녀 교육 관련 강의를 나가면 수강하는 엄마들에게 힘들더라도 제발 예절과 태도 교육은 여섯 살 이전에 마치라고 강조한다. 머리가 커지면 작은 습관 하나 바꾸기도 힘드니 좋은 습관이 몸에 붙도록 훈련시키라는 것이다. 그러나 이미 자녀가 다 자랐다면 잔소리로 자녀가 엄마 말을 귀찮게 여기지 않도록 한 번에 하나씩 차례로 미션을 주어 천천히 고쳐나가라고 말한다. 찜질방에서 딸에게 폭풍 잔소리를 퍼붓던 후배에게도 나중에 조용히 "딸한테 한 번에 하나씩만 고치라는 미션을 줘봐. 그거 고쳐지면 다시 하나 주고"라고 말해주었다. 만약 그날 그 자리에서 그런 충고를 했다면 후배가 자존심 상했겠지만 한참 지난 뒤에 문득 생각난 듯 말하니 편안한 얼굴로 알겠다고 받아들였다.

"아가야, 이것 좀 먹어봐. 정말 몸에 좋은 거야."

"아주머니, 아기가 먹기 싫어하면 그만 먹게 하세요."

"아기가 너무 기운 없는 것 같아서 내가 일부러 하루 종일 닭죽을 쑤었는데, 겨우 한 술 먹고 그만이니 답답해서 그렇지. 키 크고 덩치 좋은 애로 자라게 하려면 이 정도는 억지로라도 다 먹여야 해."

큰아들을 길러주신 입주 도우미 아주머니는 큰아들을 친손자처럼 잘 보살펴주셨다. 다 좋은데, 아기 몸에 좋다고 생각하는 보양식을 너무 자주 그리고 너무 많이 아기가 싫다는데도 부득부득 먹이려 해 마음에 걸렸다. 아기가 음식을 사양하면 밥그릇 들고 쫓아다니며 끝까지 먹이는 엄마들이 있다는 말을 듣긴 했는데 직접 목격한 것은 처음이었다. 나는 아기가 싫다는데 억지로 먹이면 식욕 조절 능력을 망칠 것 같아 불안했다. 많은 엄마들이 아기 때는 더 먹으라고 밥을 들고 다니며 억지로 입을 벌리게 하고 수저째 쑤셔넣고는, 좀 커서 살찌면 살 좀 빼라느니, 그만 먹으라느니 잔소리해서 애들한테 "제발 나 좀 내버려둬요"라는 핀잔을 듣는 모습을 자주 봤기 때문이다.

우리 친정에서는 아기가 싫다는데 음식을 억지로 먹이는 일은 있을 수 없었다. 그런 분위기에 익숙한 나는 도우미 아주머니가 큰아들이 싫다는데 억지로 더 먹이려는 것이 상당히 부담스러웠다. 만약 시어머니였다면 "애가 싫다고 하는데 왜 억지로 먹이려고 그러세요. 애가 아무리 어려도 싫어하는 데는 다 이유가 있지 않겠어요?"라고 똑 부러지게 말해 크게 야단맞거나 시어머니 속을 뒤집어놓았을 것이다. 그러나 도우미 아주머니에게 그랬다 당장 그만두겠다고 할 것 같아 육아에 관한 한 많은 것을 포기해야 했다. 그 아주머니는 작은아들이 태어날 때까지 우리 집에 계셨다. 아주머니가 너무 열심히 먹여서인지 큰아들의 식욕은 대단했다. 첫돌도 지나기 전에 포도 1관(3.75kg)을 혼자 다 먹어치워 깜짝 놀라게 했다. "진짜 아기가 다 먹었다니까." 아주머니는 흐뭇해하며 말씀하시곤 했다. 나는 큰아들의 남다른 식욕이 전적으로 도우미 아주머니가 억지로 먹였기 때문이라고 생각하지는 않는다. 타고난 기질도 어느 정도 영향을 미쳤을 것이다. 그러나 미국에서 대학을 마치고 프랑스로 건너가 공부한 작은아들 때문에 프랑스 엄마들을 만나본 뒤로는 그 아주머니가 억지로 먹인 것이 큰아들의 체중 증가에 더 큰 영향을 미쳤을 것이라는 생각을 하게 되었다.

우리나라의 많은 엄마들이 당시 도우미 아주머니처럼 이유식이 입에 맞지 않아 아이가 숟가락을 밀어내면 억지로라도 모두 먹이려고 실랑이를 벌인다. 아기가 고집이 세 절대로 받아 먹지 않으면 화를 내며 "싫으면 관둬" 하고 숟가락을 내동댕이치기도 한다는 말을 꽤 들어봤다. 그러나 내가 만난 프랑스 엄마들은 이와 생각이 많이 달랐다. 어린 아기는 아직 동물적 본능이 강하게 남아 있어서 생존을 위해 먹이가 필요하면 무슨 수를 쓰든 배를 채우려고 할 것이다. 먹기 싫다는 것은 몸이 필요로 하지 않는다는 신호다. 그러니 억지로 더 먹이려고 애쓰지 마라. 오히려 아기가 입맛을 길들일 때부터 몸에 좋으면서 칼로리가 낮은 음식만 먹이고 식사량을 적절하게 계산해서 더 먹겠다고 해도 주지 않는 것이 훗날의 건강과 체중 관리에 좋다. 처음에는 배고프다며 떼쓰던 아기도 차츰 익숙해져 식사량이 적정해진다. 이것이 몸에 배면 커서도 배가 부르면 더 이상 먹지 않게 되어 굳이 체중 관리에 신경 쓸 필요가 없단다.

어떤 프랑스 엄마들은 아기가 젖 먹을 때부터 식습관과 배변 습관을 동시에 길러준다고 말했다. 식사는 정해진 양을 반드시 정해진 시간에만 준다. 만약 남겨도 그것을 보충하도록 중간에 더 주지 않는다. 자다가 오줌을 싸고 기저귀를 갈아달라며 보채도 그냥 놔둔다. 엄마 기상 시간을 앞당겨 새벽에만 갈아준다. 몇 차례 반복하면 아기도 차츰 밤에 오줌을 안 싸고 새벽에만 싸게 된다. 요즘엔 좋은 식품들이 워낙 많아 굳이 보양식을 먹이지 않는다. 식습관이 좋으면 몸이 원하는 영양을 채울 수 있도록 어떤 음식을 먹고 싶어 하게 만들어 그것을 먹이면 된다. 아기는 엄마가 길들이기에 따라 엄마의 인생을 송두리째 점령하기도 하고, 엄마와 아기가 동반 성장할 수도 있다. 나는 프랑스 엄마들의 말을 듣고 유독 프랑스 사람들이 날씬한 진짜 이유를 알 것 같았다. 결국 젊은 여성들을 위한 프랑스식 다이어트 책들이 나와 있지만 진짜 비밀은 엄마가 아기 때부터 식욕 조절 능력을 길러주기 때문인 것 같았다. 어쨌든 나는 프랑스 엄마들의 말을 듣고 우리나라 엄마들이 불필요한 뒷바라지, 불필요한 희생을 이제 그만 줄였으면 좋겠다는 생각이 들었다.

"공부하고 있는데 엄마가 과일 주는 거 달갑지 않아요. 엄마가 실망하실까봐 그냥 고마운 척하는 거죠."

고등학교 1학년 학생이 청소년 스피치 수련 중에 고백한 말이다. 고등학교 1학년쯤 되니 혼자 있고 싶을 때도 있는데 엄마가 나타나 방해받는 기분이 든단다. 자기 방에서 공부하다 지치면 잠시 웹툰을 보거나 친구와 문자를 주고받으며 수다를 떨기도 하고 재미있는 유튜브를 감상하며 머리를 식히고 싶은데, 엄마가 과일 들고 들어오면 공부만 하길 바라는 것 같아 여간 부담스럽지 않다는 것이다. 엄마가 가끔 문을 살짝 열어 자기가 뭘 하는지 엿보시는데, 그러면 감시당하는 것 같아 하던 공부도 잘 안 된단다. 그 학생은 솔직히 엄마가 그냥 놔둬도 공부할 애들은 하고 안 할 애들은 안 한다고 말했다. 자기도 가끔 엄마가 과일 들고 오시면 책 보는 척하고 머리로는 딴 생각할 때가 많다고 솔직히 고백했다. 고등학교 1학년 정도 되었으니 알아서 하도록 제발 내버려두면 좋겠다면서, 친구들 중에 방에서 공부 안 하고 컴퓨터만 할까봐 아예 엄마가 아들 방문을 닫지 못하게 해서 사생활을 가질 수 없다고 하소연하는 친구들도 많다고 덧붙였다.

"글쎄, 녹화 끝나고 나와보니 부재중 통화가 30건이나 떠 있는 거예요. 모두 아버지 전화였어요."

고민 배틀 TV 프로그램에 출연한 배우가 스토커에 가까운 아버지의 감시를 고발했다. 그의 아버지는 아들의 일거수일투족을 알려고 매 시간 전화를 할 뿐만 아니라 서른 살이나 되는 아들의 옷 선택부터 입는 방법까지 통제하고 간섭하신다고 한다. 무엇보다 업무 중에 자주 전화해 마음이 불안하단다. 심지어 아버지는 친구 딸을 그 아들의 아내감으로 정해두기까지 했다고 한다.

　연예 오락 프로그램 콘셉트상의 농담이라고 해도 부모의 감시가 너무 심한 것은 사실인 것 같았다. 사춘기 자식이 부모에게 심하게 반항하고 제멋대로 행동하는 것은 부모에게 이별을 준비시키는 거라고 한다. 동물은 성년이 되면 부모 곁을 떠나 독립하듯, 인간도 마찬가지인 것이다. 그런 자연의 이치를 인정하지 못할 때 부모와 자식의 갈등이 깊어지고 부모의 모든 희생이 오히려 자식의 앞길을 막는 장애물로 변하는 것 같다.

02

내 건 내가
고를래요

"왜 엄마가 사다준 원피스 안 입고 헌 청바지를 꺼내?"

"나는 그런 공주 옷 싫어. 이 청바지가 편하고 좋단 말이야."

"왜 공주 옷이 싫어? 여자애들은 다 공주 되고 싶어 하잖아."

"그럼 엄마가 공주 해. 난 이 옷이 좋아."

"내가 너한테 이 옷 사다주려고 얼마나 오랫동안 힘들게 돈을 모았는지 알아?"

"난 몰라. 나한테 자꾸 입으라고 하지 말고 그런 옷 좋아하는 애나 갖다줘."

"겨우 유치원 다니는 게 좀 컸다고 엄마 성의를 이렇게 무시해?"

아이는 힘들게 청바지를 입는다. 엄마가 청바지를 억지로 벗긴 뒤 소위 공주 패션으로 불리는 레이스 많이 달린 화려한 새 원피스로 갈아입히려 하자 딸이 발버둥 치며 외친다.

"그 옷 입히면 유치원 안 갈 거야."

10년 전, 친척 여동생 집의 풍경이다. 그녀는 천성적으로 여성다운 화려한 옷을 좋아했다. 그런데 딸의 취향이 자기와 너무 달라 속상해했다. 여동생은 어렸을 때 집안 형편이 매우 어려워 부모님이 딸에게 화려한 옷을 사 입히기는커녕 친척 집 또래 아이들이 작아서 못 입는 헌옷을 가져다 입혔다. 우리 아버지는 딸들이 장식 많은 화려한 옷을 절대 못 입게 하셨다. 옷치장에 신경 쓰면 공부할 시간이 없다는 것이었다. 나는 아버지와 취향이 같아 이 문제로 충돌할 일이 없었다. 그러나 여동생은 여성스러운 스타일을 좋아했다. 어머니는 아버지에게 들키지 않는 선에서 허용해주셨다. 친척 동생은 우리 여동생의 옷을 받아 입을 때가 좋았다고 말한다. 같은 부모에게서 태어나도 취향은 이처럼 서로 다르다. 그래서 친척 동생이 좋아하는 스타일의 원피스를 딸에게 입혀보려는 심정이 이해되었다. 그러나 그녀의 딸은 남자애 못지않게 활동적이어서 옷의 기능이 가장 중요했다. 거추장스러운 옷은 딱 질색이었다. 취향이 너무 다른 두 모녀는 딸의 옷 선택을 두고 유치원 시절부터 전쟁을 치르곤 했다. 딸의 고집이 웬만한 정도 이상이어서 매번 엄마가 졌다.

친척 동생뿐 아니라 취향의 차이를 인정하지 않고 자식의 옷 문제로 다투는 부모를 많이 보았다. 미국에서 공부하면서 그런 다툼이 부모와 자식 모두에게 얼마나 소모적인지 구체적으로 알게 되었다.

물론 나도 두 아들이 전학한 고등학교에 처음 방문하고는 문화적 충격이 컸다. 내 기준에는 옷차림이 너무 야해 보였기 때문이다. 나는 방송국에 다녀 나름 사고방식이 열려 있다고 자부했는데, 미국 시골 고등학교 학생들의 차림새를 보고는 나도 갈 데 없는 한국 엄마임을 인정할 수밖에 없었다. 손바닥만 한 치마에 갖가지 색상의 염색 머리, 혀나 코의 피어싱, 남학생들의 쇠사슬 모양 목걸이, 넝마처럼 치렁치렁한 각종 의상, 땅바닥을 쓸고 다닐 힙합 바지 등 당시 한국에서는 대학에서도 기괴해 보일 만큼 자유분방한 학생들의 옷차림이 한편으로는 놀랍고 한편으로는 신기했다. 물론 지금은 미국 고등학교를 배경으로 한 드라마도 많이 들어와 그런 문화에 익숙한 엄마들이 많다.

또한 우리나라 아이들의 차림도 미국 아이들과 많이 유사해졌다. 지금은 그다지 놀랍지 않지만 1994년에 이런 광경을 처음 본 나는 우리나라 부모라면 자식이 그런 차림으로 학교에 가는 걸 절대 용납하지 않을 거라는 생각이 들었다. 미국 현지 학부모들 몇 명과 친해진 뒤 부모가 10대 청소년의 패션에 간섭하는 것은 자식과의 전쟁 선포와 같다는 말을 자주 들었다. 미국 엄마들은 대부분 자식을 낳고 키우는 것은 필연이 아니라 선택이라고 말했다. 결혼해도 억지로 아기를 낳지 않고 원할 경우에만 낳는다는 뜻이었다. 그런 만큼 좋아서 아기를 낳아 키우는 것이지 희생하며 억지로 돌보는 것은 아니라고 생각했다. 그래서인지 보통 엄마들은 자식을 학비가 비싼 대학에 무리해서 보내거나 과외를 시켜 더 좋은 대학에 보내려 하지 않았다. 아이의 능력에 맞춰 자연스럽게 키우니 엄마의 무리한 희생이 필요하지 않아 보였다. 그러나 어린 자녀의 매너, 타인에 대한 행동, 과제 완수 등 기본적인 질서와 의무를 저버리면 무섭게 벌을 주었다. 벌은 보통 한 시간에서 서너 시간까지 목욕탕에 가둬두고 반성하게 하거나 외출 금지 등이었다. 대체로 간섭하지 않고 알아서 하도록 자유를 주었다. 물론 미국에도 우리나라 못지않은 극성 엄마는 있다. 그러나 우리나라에 비하면 극소수이고, 보통은 엄마들이 자기를 희생하면서까지 자식의 신분을 업그레이드하려고 하지 않았다. 그에 비해 많은 한국의 엄마들은 희생을 자처하며 자식을 더 높은 신분, 더 많은 부와 명예를 갖도록 무리수를 두기까지 한다.

사람은 누구나 자기를 희생하면 보상을 받고 싶어 한다. 자식에게 돌려받을 목적으로 헌신적인 뒷바라지를 하는 부모는 없겠지만, 보상심리가 생기는 것은 어쩌면 당연하다. 냉정하게 생각해보자. 우리나라의 많은 부모가 자식이 조금만 섭섭하게 행동하면 "내가 너를 어떻게 키웠는데…… 나한테 이럴 수 있어?"라며 원망하는 이유는 무엇일까? 적어도 희생의 대가를 바라는 심리적 기저에서 나온 말 아닐까? 미국에서 공부하는 동안 상당히 많은 현지 엄마들을 만났다. 그들 중 자식이 자기가 원하지 않는 행동을 한다고 해서 "내가 너를 어떻게 키웠는데"라고 말하는 사람은 한 번도 보지 못했다. 물론 그만큼 자식에게 희생하지도 않고 부모 자식 간에도 철저히 개인주의가 작용하기 때문일 것이다.

사실 나도 미국에 가기 전에는 두 아들의 옷을 아들 취향보다 남의 눈에 어떻게 비칠까를 더 많이 고려해 사주고 입을 때도 조금 간섭을 했다. 그때는 엄마라면 당연히 그래야 하는 줄 알았다. 그러나 미국 엄마들이 자식의 취향에 간섭하지 않고 자유롭게 키우는 모습이 훨씬 좋아 보여, 나도 아이가 옷을 뒤집어 입고 학교에 가도 그대로 두었다. 학교에 가서 망신당하더니 알아서 잘 챙겨 입었다. 그런 것을 경험하고 나니 이제 우리나라 엄마들도 적당히 거리를 두고 자녀들을 보살펴도 되지 않을까 하는 생각이 들었다. 나 역시 자식을 위해 나 자신을 많이 희생했다면 틀림없이 자식이 나를 위해 뭔가 해주기를 바랐을 것이다.

초등학교 저학년 때까지 활동적인 옷만 고집하던 친척 여동생의 딸은 중학생이 되고 사춘기를 맞자 엄마의 소원대로 취향이 여성적으로 변했다. 그런데 여성적인 것이 지나쳐 걸 그룹들과 같은 섹시한 여성미를 추구했다. 배꼽 나오는 티셔츠, 엉덩이가 보일 정도의 짧은 치마, 선생님 눈을 속일 정도의 염색 머리 등 치장을 즐겼다. 여동생은 이제 딸의 너무 섹시한 옷차림 때문에 더욱 치열한 전쟁을 벌인다고 전했다. 게다가 이번엔 보수적인 한국의 아빠들이 그렇듯 딸의 노출에 민감하게 반응하는 아이 아빠까지 가세했단다. 여동생 부부는 "우리가 옷과 신발 살 돈, 학비에다 학원비까지 대주려면 얼마나 많은 희생을 하는지 아니? 그런데도 왜 부모가 싫어하는 옷만 골라 입으려고 들어? 너무 이기적인 것 아니야?"라고 독설을 퍼부으며 노출이 심한 옷을 당장 벗으라고 다그친다고 한다.

나는 어느 날 친척 여동생을 만나 이런 이야기를 듣고 "야, 딸애가 헐벗고 다니든 말든 그 애 용돈을 팍 줄여버려. 차라리 그 돈으로 그동안 네가 입고 싶었던 공주 스타일 옷이나 사 입어"라고 돌직구를 날렸다. 여동생은 오히려 화를 내며 "언니는 왜 그렇게 이기적이야? 그게 말이 돼? 부모가 돼가지고 어떻게 그래. 자식이 아무리 밉더라도 친구들에게 우습게 보이도록 놔둘 수는 없지. 여태 희생하고 뒷바라지했는데 지금 와서 그만둘 건 뭐야"라고 말했다. 오히려 그 말에 내가 다시 열 받아 "왜 자식만을 위해서 살아? 너도 챙겨, 이 바보야. 너도 어릴 때 부모님이 챙겨준 적 없는데 나중에 자식은 너를 챙겨줄 것 같니? 네가 희생해서 잘해줘도 제 짝 생기면 아무 소용 없어"라고 못 박듯이 말했다. 여동생은 "그렇긴 해. 벌써부터 저렇게 싸가지 없는데 나중에는 오죽하겠어?"라고 풀죽은 목소리로 말하며 긴 한숨을 내쉬었다. 그러나 여동생은 딸을 위한 희생을 조금도 줄일 생각이 없는 눈치였다. 나는 내 충고를 수용할 의사가 전혀 없는 여동생에게 길게 말해봤자 잔소리가 될 것 같아 입을 다물었다.

몇 년 전 한 언론사가 주관한 2개월짜리 자녀 교육 프로그램을 진행한 적이 있다. 수강하는 엄마들이 자녀를 교육하면서 겪은 애로사항을 고백하고 서로 대화를 통해 해결책을 찾아보고 마지막에 내가 정리해주는 실습형 교육 프로그램이었다. 수업 중에 나온 엄마들의 가장 큰 고민은 단연 자녀의 학업 성적이었다. 그리고 초등학교 고학년 이상의 부모에게는 자녀의 이성 교제가 학업 성적 못지않게 큰 고민거리였다. 이성에 눈뜨면서 야한 옷차림과 노출 문제로 자녀와 갈등이 심한 부모가 그렇게 많은 줄 처음 알았다.

한 엄마는 대학생 딸과 늦둥이 초등학생 아들을 두었는데, 오히려 대학생 딸이 더 걱정이라고 말했다. 아직 어린 자녀를 둔 엄마들이 "대학 다니는 딸이 왜요? 입시 고민도 졸업하셨을 텐데"라고 말하자, "애가 야한 친구를 사귀더니 옷을 너무 야하게 입고 다녀서요. 그러다가 이상한 남자라도 사귀면 큰일이잖아요. 게다가 기숙사 생활을 해서 그런 옷을 입고 무슨 짓을 하는지 부모가 전혀 알 수가 없으니 더 걱정이지요." 그녀의 말에 놀란 내가 "어느 정도로 야한 옷을 입는데요?"라고 물었다. 그녀는 "가슴이 너무 파여서 고개를 숙이면 브라 윗부분이 보일 정도예요"라고 말했다. "요즘 그런 옷이 유행 아닌가요? 아예 안에 예쁜 색 탱크톱 브라를 입고 목이 파인 겉옷을 입어 탱크톱이 살짝 보이게 레이어드하던데요. 젊은 애들이 그렇게 입으면 시원해서 보기 좋은데. 저도 젊다면 그렇게 입었을 거예요." 내 말에 그녀는 상당히 놀라는 눈치였다. "딸을 성직자 만들 생각 아니면 그냥 두세요." 나는 내친김에 못을 박듯이 다시 한

번 강하게 말했다. "요즘에는 여자들의 노출이 대세여서 너무 노출을 안 하고 다니면 신체에 이상이 있는 것으로 오해받아 정상적인 이성 교제에 지장이 생길 수도 있어요." 그러니 노출 옷차림에 대한 간섭을 그만 하라는 취지로 여러 사례를 들어 알아듣게 설명했다.

딸의 노출에 대해서는 엄마보다 아빠가 민감한 집이 더 많다. 딸을 대체로 관대하게 봐주는 아빠도 유독 딸의 노출에 관해서는 인색하다. 그러나 알고 보면 자식의 옷차림에 민감한 부모들도 청소년기에는 자기 부모의 복장 간섭을 못 견뎌 했을 것이다. 우리 회사 후배 한 명은 자기가 대학 다닐 때 얼마나 짧은 치마를 입고 다녔는지 수시로 자랑했다. 그런데 막상 딸이 대학에 들어가고 다시 미니스커트가 유행하자 태도가 확 달라졌다. 딸이 지독하게 짧은 치마를 착용하는 것이 너무 싫어서 몰래 가위로 잘라서 내다 버리고 싶다며 분개했다. 동료들이 "내가 하면 로맨스, 남이 하면 스캔들이라더니, 네가 딱 그 모양이다"라고 놀렸지만, 그녀는 딸의 짧은 치마 때문에 진심으로 화를 냈다. 그러나 부모가 자식의 일에 지나치게 간섭하며 희생을 자처하기보다 자식의 취향을 존중해주어야 자식이 더 잘 자란다는 것을 여러 성공 사례가 증명한다.

몇 년 전 열네 살 소녀 패션 블로거가 혜성처럼 나타났다. 그 소녀는 세계적인 디자이너들의 최대 잔치인 뉴욕 패션 위크에 초청까지 받았다. 주인공은 2015년에 열일곱 살이 된 미국 소녀 타비 게빈슨이다. 언론에 소개된 게빈슨의 엄마는 자신의 희생을 최소화하고 자식의 취향을 인정해주었다고 말했다. 게빈슨의 엄마는 딸이 유치원 나이 때부터 새 옷을 사다주면 가위로 잘라서 다시 누덕누덕 오려 붙여 입고 다녔다고 한다. 하지만 한 번도 야단치지 않고 "멋지다"고 칭찬해주었단다. 심지어 딸이 가위질을 좀 더 잘하게 되자 엄마의 새 옷도 가위로 잘라 자기 취향대로 누덕누덕 이어 붙여 새로운 옷으로 만들었다. 역시 야단치지 않았다. 오히려 딸이 새로 만든 옷을 입고 딸과 슈퍼에도 가고 학부모회의에도 갔다. 주변 사람들이 "옷이 독특하다"며 칭찬해 딸과 함께 패션 블로그를 만들었다. 블로그 방문자 수가 폭발적으로 늘었다. 딸의 코디 솜씨가 남다르다는 평가였다.

마침내 블로그에 대한 소문이 세계적인 패션 디자이너들의 귀에도 들어갔다. 디자이너 마크 제이콥스가 그녀를 뉴욕 패션 위크에 초대했다. 평생 디자인만 공부한 쟁쟁한 성인 디자이너들까지도 놀랐다. 쇼를 마치자 투자자들이 몰려들었다. 지금은 자기 이름을 건 패션 회사를 여럿 거느리고 있다. 또래 청소년 복장으로 시작해 성인 여성, 남성 등으로 라인을 확장해 지금은 종합 패션 회사가 되었다. 자식의 취향이 나와 다르더라도 엄마의 안목을 기준으로 억제하지 말고 키워준 결과일 것이다. 이런 사례는 많지만 여기서는 이 정도에서 생략한다.

우리나라 부모들이 자녀의 복장에 민감한 이유는 뭘까? 아마도 자식이 이상하게 변할까봐 염려되기 때문일 것이다. 과연 그럴까? 성공한 사람들 중에서도 젊은 시절에 남다른 패션으로 주목받았던 사람들이 얼마나 많은지 모른다. 그래서 나는 '내가 널 어떻게 키웠는데 내가 골라준 옷을 거절해?'라는 보상 심리를 버리면 아이의 옷 차림에 조금 관대해질 수 있을 거라고 생각한다. '지나침이 모자람만 못하다'라는 옛말이 있다. 자식을 위한 희생도 마찬가지다. 부모가 자식을 위해 너무 많은 희생을 하면 보상을 바라고 한 일이 아니어도 저절로 보상 심리가 생긴다. 자식의 취향에 지나치게 간섭하는 행동 역시 주변 사람들의 시선에 맞춰, 내가 자식을 위해 희생했으니 그들 앞에서 내가 어깨를 펼 수 있게 뭔가 보여달라는 보상 심리가 전혀 작용하지 않았다고는 할 수 없을 것이다.

한국 전쟁 전후 세대의 희생은 우리나라에 절실히 필요했다. 그 세대의 희생으로 우리나라가 이만큼 잘살게 되었다는 것은 그 누구도 부인하지 못한다. 그 덕분에 우리나라도 이제 중진국에서 선진국으로 넘어가는 위상을 갖추었다. 우리 자식들 세대에 선진국으로 넘어가려면 지금의 부모는 자식을 위한 희생보다 동반하는 태도를 갖춰야 한다. 자식들에게 옷하나도 제 마음대로 고르지 못하게 하는 편협한 태도로는 자율성과 창의성이 중요한 선진 국민의 자질을 갖출 수 없을 것이다.

03

엄마한테
왜 돈이 없어요?

"엄마 돈 없어. 어린애가 무슨 스마트폰이야?"

"친구들은 다 스마트폰 가졌단 말이야. 나만 2G 폰이라 창피해."

"뭐가 창피해. 폰 없는 애들도 수두룩한데, 너는 그래도 있잖아."

"엄마가 4학년 올라가면 스마트폰 사준다고 해놓고, 4학년 됐는데 왜 안 사주는 거야?"

"글쎄, 그때는 사줄 수 있을 것 같았는데 지금은 사줄 돈이 없어."

"우리 집 망했어? 엄마한테 왜 돈이 없어?"

"누가 망했대? 알아보니 스마트폰이 너무 비싸서 돈도 모자라고, 아빠가 절대 안 된대."

한 특강에서 강의가 끝난 후 수강생 엄마가 아들과 나눈 대화를 소개했다. 나에게 초등학교 4학년 아들에게 스마트폰을 사주어도 되느냐고 묻기 위해서였다. 아들이 반 친구들 대부분이 스마트폰을 가졌으니 자기도 사달라고 조른단다. 안 사주고 버티고 있긴 한데, 아들이 따돌림당할 것 같아 불안하단다. 남편은 주관이 뚜렷해 4학년짜리 어린애가 통화만 할 수 있으면 되지, 스마트폰 사줄 돈 있으면 친정 부모님 용돈이나 올려드리라고 못을 박았단다. 사실 시댁은 좀 사는 편인데 친정은 형편이 어려워 남편이 생활비를 조금씩 보태고 있단다. 그러나 자신은 아들이 다른 집 애들에게 무시당할까봐 남편 몰래 비자금으로 사주려고 한단다. 그 집 아들이 스마트폰을 손에 넣을 수 있느냐 없느냐가 나한테 달린 것 같아 기분이 묘했다.

그러나 나는 그 집 아들의 마음이 아플까봐 걱정되긴 하지만 엄마가 4학년 아들에게 스마트폰을 사주는 것에는 찬성하지 않았다. 아들이 정말로 원하면 용돈을 모아서 사게 하라고 조언했다. 나는 우리 애들도 그렇게 키웠다. 애들도 비싼 물건은 자기가 돈을 모아서 사야 귀한 줄 안다고 생각한다. 나는 내친김에 그녀에게 아들의 용돈을 어떤 방법으로 주는지 물었다. 달라고 할 때마다 준단다. 그랬더니 씀씀이가 너무 커져 일정액을 주급으로 줘본 적이 있는데, 아들이 돈을 받자마자 하루이틀 만에 펑펑 다 쓰고는 살 게 있다며 돈을 더 달라고 졸라 다시 예전 방식으로 전환했단다. 반 친구들이 많이 가진 새 장난감, 스마트폰, 방한복, 운동화, 새로 나온 학용품 등 고가의 물품들을 사달라고 자주 졸라, 조금만 방심하면 아들 혼자 쓴 돈이 부부가 쓴 돈의 두 배가 될 정도란다. 쪼들려가며 사준 물건인데 학용품, 장갑, 심지어 휴대전화, 신발 등 새로 산 소지품들을 자주 잊어버린단다. 그래놓고 찾을 생각도 안 한단다. 잃어버린 물건을 다시 사달라고 조르면 화가 나서 안 사주겠다고 버티지만, 당장 필요한 물건은 끝까지 버티지 못하고 결국 사주게 된다고 한다. 가끔 '이 애가 돈이 하늘에서 펑펑 쏟아지는 줄 아는 것 아냐?'라는 생각이 들어 무섭단다. 그러나 그 엄마는 내가 자기 아들을 안 좋게 볼까봐 "학원비다 교재 구입비다 해서 다른 집도 자식에게 쓰는 액수가 비슷하더라고요"라고 덧붙였다. 정말로 한국 엄마들의 자식 감싸기는 말릴 수 없나보다.

누구든 돈을 투자할 때는 회수율을 꼼꼼히 따져보고 신중하게 결정한다. 그러나 우리나라에서 자식에 대한 투자를 그렇게 따지는 사람은 드물다. 우리나라 정서로는 자식에게 투자하고 회수율을 따지면 비인간적이라며 비웃음을 살 수 있다. 그러나 과연 맞는 걸까? 나는 아니라고 생각한다. 요즘 사회면 뉴스를 보면 자식이 부모의 돈만 탈취하고 홀대해서 부모 자식 간에 재산 반환 소송까지 벌어지고 있다는 소식이 심심치 않게 등장한다. 돈을 둘러싼 부모 자식 간의 존속 살해 사건도 간간이 전해진다. 우리나라 사람들에게 그런 자식은 무조건 패륜아로 취급받는다. 그러나 냉정하게 생각해보면 부모가 회수율을 전혀 고려하지 않고 무조건 투자한 결과 아닐까?

돈을 잘 벌거나 못 버는 데는 여러 변수가 작용하지만, 지출은 어릴 적부터의 습관이 100퍼센트 좌우한다. 많이 벌지 못해도 현명하게 지출하면 평생 궁핍하게 살지 않을 수 있다. 돈을 아무리 많이 벌어도 펑펑 쓰면 쉽게 파산한다. 떼돈을 번 사업가나 연예인 등이 한순간에 돈을 날리고 폭삭 망한 뉴스 역시 자주 들린다. 대부분 지출에 대한 개념이 부족한 결과일 것이다. 사기성이 분명한 투자에 덥석 거금을 투자하는 것 역시 지출의 잘못된 예라고 할 수 있다. 사업자금이 되었건 생활자금이 되었건 수입과 지출의 균형을 맞추지 못하고 다 써버린 뒤 부모의 재산을 노리는 것은 경제관념과 지출 방법을 잘못 배운 탓임에 틀림없다. 따라서 돈을 둘러싼 부모 자식 간의 갈등은 대개 어릴 때 부모가 돈 관리 교육을 제대로 하지 않은 결과라고 말해도 될 것이다.

주변에서 부모가 가계 총수입을 알려주지 않고 아이가 기죽으면 안 된다며 비싼 물건을 척척 사줘, 결국 성인이 되어서도 절제력이 없어 고생하는 사람들을 참 많이 보았다. 부모가 헌신적이어서 자기 쓸 돈이 부족해도 자식이 원하는 것을 다 사주면 자식은 어른이 되어서도 수입과 지출의 균형을 맞추는 방법을 모를 수밖에 없다. 성인이 되어서도 가진 돈에 비해 훨씬 많은 돈을 지출해 항상 궁핍하다. 많이 벌어도 궁핍하기는 매한가지다. 그런데 궁핍함을 못 참는다. 언제든지 부모에게 손을 벌려 궁핍을 면하려 든다. 지금까지 그랬으니 평생 부모가 모자라는 돈을 대줄 거라고 믿는 것이다. 자식이 부모의 재산을 탕진하거나 부모가 전 재산을 투자했다 실패해 집안의 자산이 바닥나도 자식은 그 사실을 받아들이지 않는다. 부모가 자기에게 더 이상 돈을 주지 않으려고 거짓말한다며 오히려 화를 낸다. 심하면 부모에게 폭력을 휘두르기도 한다. 그런데 자식이 그런 식으로 부모의 재산을 노리는 태도, 가진 돈과 지출 균형을 맞추지 못하고 낭비하는 습관은 어디서 비롯되었을까?

한 종편 토크쇼에서 패널 한 분이 우연히 친구 집에 갔던 이야기를 했다. 마침 그 집 아들이 또래 친구들을 집으로 불러 놀고 있었다. 우연히 화장실에 가다가 그 아이들의 대화를 듣게 되었다. 친구는 중소기업 사장으로 제법 잘살았다. 또래 아이들이 집주인 아들에게 "너는 돈 안 벌어도 되잖아. 네 아빠가 부잔데 뭣하러 고생스럽게 돈을 버냐? 너는 금수저 물고 태어난 거야, 금수저. 부럽다" 등의 말을 하더란다. 자기 자신도 자수성가한 사람이어서 그 아이들의 대화 내용이 씁쓸하더란다. 나서서 개입할 수는 없었지만 '요즘 애들 참 얌체다'라는 생각을 지울 수 없었다고 한다.

만약 미국 등 서양 선진국에서 부자 아버지를 둔 아이들이 그런 말을 들었다면 "그게 무슨 상관이야. 내 돈도 아닌데"라며 손사래를 쳤을 것이다. 부모가 아무리 부자여도 그 돈을 모두 자기에게 물려준다는 보장이 없으며 자기 마음대로 가져다 쓸 수 있는 시스템도 아니기 때문이다. 우리나라 사람들의 정서로는 인정머리 없다고 생각할지 몰라도, 돈으로 해결할 수 있는 일이 너무나 많은 자본주의 사회에서 돈 문제로 가족관계를 망치지 않으려면 그런 냉정한 경제 교육이 절대적으로 필요하다.

우리 아버지는 상당한 부농의 아들로 태어나셨다. 당시 부잣집 아들들이 대부분 그렇듯 아버지도 경제관념이 거의 없었다. 돈으로 인한 갈등 이야기를 들으면 "돈만 아는 놈들은 인간 이하야", "돈이 뭐가 그리 중요하냐? 정신이 고상해야지" 등의 말로 그 사람들을 엄청 무시하셨다. 그런 말로 형편이 어려운 친척들의 마음을 얼마나 많이 상하게 하셨으면, 우리 집이 망하자 한때 식객이던 친척들마저 "내 그럴 줄 알았다. 네 아버지 맨날 돈 필요 없다더니 이제 소원성취하셨구나" 등 비아냥 섞인 말을 농담처럼 자주 했다. 정말로 듣기 싫었지만, 거짓말이 아니니 꼼짝 없이 들어야 했다. 나는 부잣집 아들이 경제관념을 제대로 배우지 못하고 가장이 되면 허무하게 돈을 잃고 가족들을 큰 고통 속에 몰아넣는다는 것을 아버지를 통해 톡톡히 경험했다.

돈은 사라질 때 그냥 없어지지 않는다. 사람을 상하게 한다. 그런 사실을 청소년기에 깨달았다. 우리 집이 망해갈 때 무자비하게 이권을 챙겨간 사람들 중에는 그전에 아버지의 도움으로 지독한 절망 속에서 벗어난 사람들도 많았다. 그렇다보니 돈을 잃는 것보다 인간적 배신감으로 치를 떨어야 했던 일이 더 힘들었다.

그토록 처절한 경험을 안겨준, 아버지의 경제 무개념은 할아버지의 작품이었음을 나는 아주 잘 안다. 잘사는 종갓집에서 누나 다섯을 두고 늦둥이 아들로 태어난 아버지는 지금으로 치면 왕자병이 심하셨다. 할아버지께서는 아들이 어릴 때부터 원하는 것은 무조건 대령하셨단다. 내가 태어나기 전의 일이니 전설처럼 내려오는 이야기로 전해 들었지만, 나는 이 이야기를 들을 때마다 아버지의 불행은 그때부터 시작되었다고 생각했다.

당시 대지주 집에는 일꾼들이 많았다. 그래서 할아버지는 아들의 학교 등하교 길에 가방 들어줄 머슴까지 붙여주셨다. 일본으로 유학을 떠나면서도 머슴 한 명이 짐을 들고 따라갈 정도였다. 그렇다보니 아버지는 돈을 어디선가 펑펑 솟는 샘물 정도로 인식하셨던 것 같다. 또한 자기 손으로 재떨이 하나 끌어다 쓰지 못하셨다. 다들 밖에서 분주하게 일하는 중에도 큰 소리로 급히 누군가를 불러 무슨 큰일이 생긴 줄 알고 얼른 방으로 들어가보면 겨우 재떨이를 가리키며 "이것 좀 옮겨라"라고 지시해 상대방을 격노하게 만드셨다. 우리 자매에게 그런 일을 시키면 우리는 몹시 화를 내며 다시는 그런 일 시키지 말라고 으름장을 놓았지만, 다음에도 같은 일을 반복하셨다. 가문이 완전히 망해 외할머니, 고모, 이모 등 친척 여자 어른들이 교대로 끼니를 챙겨주는데도 왜 반찬이 이리 부실하냐며 큰소리치실 정도였다. 돌아가실 때까지 아버지는 스스로 처리할 수 있는 일이 거의 없어 가족은 물론 주변 사람들까지 수족처럼 부리며 괴롭히셨다. 아마도 내가 부잣집에 관심 없는 것도 아버지를 통해 굳어진 부잣집 아들에 대한 선입견 때문이었던 것 같다.

어쨌든 이런 뼈아픈 경험으로 나는 자녀 교육에서 경제관념을 제대로 가르치는 것을 매우 중요하게 여겼다. 아버지는 그 옛날에 일본으로 조기 유학 가서 공부도 잘했고 대학도 졸업했으며 재산도 많이 물려받은 금수저 출신이지만, 경제관념이 없어 가진 돈도 지키지 못해 너무나 처참한 말년을 보내셨다. 나는 두 아들이 어릴 때 풍요롭게 살고 말년에 비참해지는 것을 절대로 원하지 않는다. 그래서 두 아들에게 어릴 때부터 절대로 돈을 공짜로 주지 않았다. 반드시 돈의 용도를 미리 정확히 말하고 사용의 타당성을 설명해 엄마가 납득해야 주는 방식으로 지급했다. 또한 돈을 요구한 대로 다 주지 않고 80퍼센트 정도만 주었다. 그러면서도 나중에 돈 벌어서 반드시 갚아야 한다고 세뇌시켰다. "엄마 아빠의 노후자금으로 쓸 돈을 너희에게 빌려주는 거야. 그러니 나중에 돈 벌면 이자 붙여서 반드시 갚아야 한다. 너희가 안 갚으면 엄마 아빠 늙어서 노숙자 될지도 몰라"라고 강조했다. 그러자 두 아들은 아주 어릴 때부터 부모에게 가급적이면 돈을 덜 타려고 노력했다.

미국 유학 시절에 IMF 사태를 만나 내가 귀국해서 시작한 사업이 잘 안되고 남편의 봉급에만 의존해야 했다. 환율이 1달러당 2,000원까지 요동쳐 도저히 애들 학비와 생활비를 댈 수 없게 되었다. 하는 수 없이 두 아이에게 귀국해서 군대에 가든지 스스로 돈을 벌어 현지에서 버티든지 하라고 했다. 아이들은 당시 9·11 테러로 인해 귀국하면 대학생도 비자가 안 나올 가능성이 높아 대학에 복학하기 힘들 수 있다며 현지에서 버티는 쪽을 택했다. 그때부터 한 달에 고추장 한 통, 쌀 한 말로 버티면서 작은

아들은 대중에게 어필할 수 있는 책을 써서 스스로 학비를 마련해 복학했다. 큰아들은 중학교 때부터 사진 촬영 관련 수업을 들어 대학 때는 전문가 수준의 사진 촬영 기술을 갖추었다. 건축과를 다녀 건축 모형 만들기에도 능숙했다. 그래서 건축 모형 만들기와 결혼사진 찍어주는 아르바이트로 돈을 벌어 1년의 휴학 기간을 버티고 동생의 책이 대박을 터뜨린 덕분에 학비를 보태주어 복학했다. 아마 내가 두 아들에게 돈을 펑펑 쓰도록 방치했다면 그런 어려운 고비에 넘겨져서 대학을 중도에 포기하더라도 귀국했을 것이다.

우리 아버지처럼 경제관념이 없는 부모를 두지 않았다면 나도 두 아들이 사달라는 것들을 군말 없이 대부분 다 사주었을 것이다. 그러나 경제관념이 부족할 경우 생기는 고통을 충분히 경험했기 때문에 두 아들에게 냉정하게 지출 방법을 가르칠 수 있었다. 내가 그런 교육을 조기에 실시함으로써 작은아들은 스스로 돈을 벌려고 책을 쓰기 시작했다가 잘나가는 전업 작가가 되었고, 큰아들은 건축 모형을 더 열심히 만들고 사진도 프로급으로 찍어 뉴욕 한복판에 위치한 세계에서 가장 큰 건축 회사에서 일하며 여러 곳의 러브콜을 받는 등 각자 전문 분야에서 두각을 나타낼 수 있는 기본기를 탄탄히 다지는 계기도 만들었으니 일석이조가 된 셈이다. 그래서 나는 이 책을 읽는 엄마들에게 자신 있게 말할 수 있다. 그리고 미국에서 본 유명한 유대인 부모들은 나보다 훨씬 철저하게 자식들에게 경제관념을 가르쳤다. 유대인들뿐만 아니라 미국 중산층 부모들도 자녀에게 용돈을 호락호락하게 주지 않았다.

두 아들의 유대인 친구들은 중학생 때부터 아르바이트로 대부분의 용돈을 스스로 벌어 썼다. 유대인들은 자식들에게 용돈을 그냥 주지 않고 빌려준다. 나중에 반드시 갚아야 하기 때문에 유대인 아이들은 부모에게 돈 더 받기를 꺼린다. 물론 유대인 부모들 중에는 부유한 사람들도 많다. 자식들에게 비싼 음식점에 데려가거나 미술관 등에 데려가기, 꼭 필요한 비싼 옷 사주기 등 품위 있게 사는 방법을 가르치는 데는 돈을 아끼지 않지만, 어마어마한 부자도 현금 지불을 잘 안 한다. 유대인 부모들은 부잣집에서도 자식이 아장아장 걸을 때부터 빵 굽기와 설거지를 직접 하도록 한다. 어떤 돈도 공짜로는 주지 않는다. 우리나라 부모들이 유대인 교육을 좋아하면서도 그런 것은 따라 하지 않는 이유를 모르겠다. 이유를 물으면 미국과 한국은 여건이 다르다고 말한다. 그러나 몇십 년 전까지 유대인들은 우리보다 여건이 낫지 않았지만 그래도 실천했다. 전 세계적으로 유대인 멸시 기류가 사라진 지 얼마 안 되었다. 그러나 이들은 꿋꿋이 자기 방식으로 자녀 교육을 해서 지금은 전 세계의 교육열 높은 부모들의 귀감이 되고 있다.

한때 우리나라에서도 개념 있는 부모들은 자녀에게 구두 닦기나 집안 청소를 하면 용돈을 얼마씩 정해두고 주는 방식으로 경제 교육을 시켰다. 그러나 일부 학자들이 집안일을 한 대가로 돈을 주는 것이 과연 바람직한가 문제 제기를 하면서 조금 시들해졌다. 결정적으로 입시 경쟁이 치열해지면서 부모들은 경제관념 교육보다 공부를 중요시하게 되었다. 공부만 열심히 하면 필요한 돈을 자식이 원하는 만큼 주는 식으로 경제적 지원 방식이 달라진 것이다. 특히 학교 성적을 얼마 올리면 얼마 주겠다, 원하는 휴대전화를 사주겠다는 식으로 상금을 걸고 공부하도록 하면서 용돈의 성격이 점차 상금 형태로 변질되었다. 맞벌이 엄마는 돌봐주지 못한 미안함을 돈을 더 주는 것으로 보상하고, 공부 안 하던 아이가 공부를 조금 더 하면 기특해서 돈을 얹어주었다.

우리 사회에서 도시락을 못 싸올 정도로 형편 어려운 아이들이 사라진 것은 아니다. 그러나 돈이 부족해서 공부하기 어려운 아이들보다 돈으로 살 수 있는 오락거리들이 너무 많아 공부에 쓸 시간이 없는 아이들이 더 많은 것 같다. 지금은 첨단기술과 장난감의 융합으로 돈만 있으면 친구 없이 혼자서도 얼마든지 재미있게 놀 수 있다. 엄마들이 조금 더 희생하더라도 자식이 공부만 열심히 하면 원하는 것을 다 하게 해주는 태도를 가지면, 아이러니하게도 아이는 공부보다 재미있는 일에 더 자주 한눈을 팔 수밖에 없다. 학교에서 아이들이 잃어버린 물건을 찾아가지 않아 수북이 쌓인다는 것은 돈 낭비가 심하다는 반증이기도 하다.

그에 비해 유대인 부모들은 아무리 부자여도 자식에게 용돈을 벌어 쓰게 하고 고등학교를 졸업할 때 자동차 한 대 정도만 사준다. 미국은 자동차 없이는 꼼짝하기 어렵기 때문이다. 고등학교 졸업 전까지는 부모가 등하교를 시켜주지만 고등학교를 졸업하면 자동차도 독립해야 한다. 이

때부터 자동차가 신발과 같은 필수품이 된다. 그런데 유대인 부모들은 이때도 차 구매 대금을 모두 대주지 않고 자식이 원하는 차 값의 반만 대준다. 그래서 자식들은 아예 비싼 차 살 생각조차 안 한다. 대개 중·고등학교에 다니는 동안 아르바이트해서 모은 돈과 나중에 부모에게 갚을 수 있는 돈을 계산해서 일부를 가불받는 식으로 대금의 반이 준비되면 부모에게 상환 계획표와 통장을 가져간다. 부모는 그제야 차 살 돈의 반을 대주는 식이다. 물론 아주 부자는 사립대학의 천문학적인 학비까지 군말 없이 내주기도 한다. 그러나 그런 집도 대학 졸업 후 아버지 회사에서 일한다는 조건을 거는 경우가 대부분이다. 미국의 부자 아버지들은 대부분 이기적이고 냉정해서 자식들은 그런 아버지 회사에서 일하는 것을 지독히 싫어해 아버지의 제안을 받아들이는 자식들이 많지 않다. 말하자면 유대인은 물론 일반 중산층 미국 부모들도 자식에게 회수율을 계산해서 투자하는 셈이다. 회수율을 전혀 생각하지 않고 투자한 조부모 세대의 신세가 어떤지 한번 보자.

네가 사준 효도 폰이 나는 싫다.

나도 최신 스마트폰이 좋다.

효자손으로 왕복 따귀 맞기 싫으면

당장 아이폰 6S(당시 가장 비싼 최신 폰)로 바꿔오너라.

인터넷에 떠돌던 한 인터넷 시인의 시이다. 자기의 모든 돈과 열정을 자식에게 '묻지 마 투자'한 조부모 세대의 모습이 눈에 선하지 않는가? 당시에는 우리나라가 워낙 못살아 부모의 희생이 절대적으로 중요했다. 그래서 부모님은 갖은 고생을 해서 번 돈으로 자기는 가장 싼 것을 쓰면서 자식에게는 무리해서라도 항상 좋은 것을 사주려고 하셨다. 그 결과 자식이 나이 먹은 부모에게 가장 성능 단순하고 값싼 효도 폰이라는 이름의 휴대전화를 내밀며 효도하는 것처럼 구는 것 아닌가?

지금 부모 세대는 돈 벌어 자식의 학원비와 과외비 대느라 부모님에게 쓸 돈이 없다고 한다. 자식들에게 돈 넉넉히 준다고 더 잘되는 것도 아니고 돈 덜 준다고 더 안 되는 것도 아니다. 기가 죽더라도 거기서 살 궁리를 하면 사회생활을 미리 배울 수 있다. 그러니 부모는 자기가 가진 돈의 범위 안에서 자식들에게도 총가계수익을 적절히 알리고 그중 몇 퍼센트를 너희에게 쓰고 있다고 투명하게 밝혀, 자식이 스스로 불필요한 지출을 삼가도록 훈련시키는 것이 희생 덜하고 자식을 더 잘 키우는 비결이라고 할 수 있겠다.

04

베푼 사람과 받은 사람의 생각은

다르다

"그래, 남동생들이 출세하고 나서 누나들에게 고맙다며 호강 좀 시켜주더냐?"

"그 애들이 저를요? 왜요?

"누나들이 엄마 잃은 그 애들을 잘 키워서 사법고시까지 패스시켰잖니? 엄마가 버젓이 살아 계셔도 형제가 사법고시에 패스하기는 어려운데, 누나인 너희는 해냈잖니. 그놈들이 너희를 엄마처럼 잘 모셔야 사람이지."

"전 아니에요, ○○이가 대부분 다 했어요. ○○이가 애들이 대학 간 다음에 신림동 고시촌에 살게 하고 집세 내주고 고시에 필요한 책도 사 날랐죠."

○○이는 물론 바로 아래 여동생을 말한다.

"그래, 너희 둘 다 애들 뒷바라지하느라 고생 많이 했으니 이제 조금이라도 돌려받아야지."

사촌 중 한 명의 결혼식이 있었다. 우리 집은 친가, 외가 모두 종갓집이어서 친인척 행사가 꽤 많아 주로 행사에서 마주치게 된다. 남동생 둘이 사법고시에 패스한 직후에 만난 한 사촌의 결혼식에서 이모들이 우리 자매를 보자 이런 말로 치하하셨다. 우리 자매는 민망해서 강하게 손사래를 치며 아니라고 부인했다. 그러나 마음 한편으로는 대학 재학 중에 사법고시에 합격한 둘째 남동생이 상당히 괘씸했다. 둘째 남동생은 대학 졸업반 때 사법고시에 패스하고, 대학 졸업 직후 사법연수원에 입소했다. 그런데 바로 여자 친구가 생겼다며 결혼하겠다고 통보했다. 아버지는 물론, 나와 여동생은 당혹감을 감출 수가 없었다. 그 동생은 둘째 아들로 태어났지만 장남이 없으니 집안의 장남 노릇을 해야 했다. 그것은 당시 우리나라의 벗어날 수 없는 관습이었다. 당연히 우리 가족을 비롯한 모든 친인척들은 둘째 남동생이 그 역할을 맡을 것이라고 기대했다. 그런데 윗사람에게 의논 한마디 없이 결혼하겠다고 통보했던 것이다. 둘째 남동생은 이른 나이에 결혼하면 곧바로 홀로 계신 아버지를 모시고 살아야 한다는 사실을 모른다는 듯 행동했다. 그러나 만약 그 일을 방기하면 모든 친인척이 손가락질할 것이 뻔했다. 동생들 공부 잘 시켜야 가문을 일으킬 수 있다는 어머니의 유언에도 반하는 행동이 아닐 수 없었다.

가정을 일으켜야 한다는 사명을 어머니에게 떠맡았던 나는 취업하자마자, 여동생은 대학 재학 중에 아르바이트해서 번 돈으로 아버지의 생활비를 나누어 부담하고, 둘째 남동생과 막냇동생의 중·고등학교는 물론 대학 학비까지 책임졌다. 둘째 남동생은 대학 재학 중에, 막내는 대학원 졸업반 때 사법고시에 패스해 고시 공부 기간이 비교적 짧았지만 고시원 월세, 책값 등이 상당히 많이 필요했다. 20대에 전임 교수가 된 여동생이 대부분 부담했다. 그런 만큼 둘째 남동생은 자기가 원한 것은 아니지만 가족들에게 많은 부채를 진 셈이었다.

나와 여동생은 둘째 남동생이 너무 일찍 결혼해서 친인척들에게 부채 갚는 모습을 관찰당하는 것이 싫었다. 연수원 마치고 정식으로 발령받아 가장의 의무를 할 능력이 생긴 후에 결혼해서 아버지를 모셔야 배우자에게도 떳떳할 것이라고 생각했다. 당연히 둘째 남동생의 배우자는 우리 아버지처럼 성격 독특한 분을 모실 만한 인성을 가져야 하므로 우리가 검증해야 한다고 여겼다. 그러나 남동생은 누나들의 그런 기대를 전혀 고려하지 않고 자기 눈에 맞는 여자를 골라 결혼하겠다고 했다. 우리 자매는 그런 남동생이 괘씸했다. 남동생도 그런 누나들이 불편한지 차츰 만나는 것조차 피했다. 당연히 우리 자매는 남동생과 관계가 소원해졌다.

여동생과 나는 아직 스물다섯 살밖에 안 된 사내 녀석이 장가부터 간다고 우기는 순간, 거의 동시에 "우리 딸들은 집안 형편 때문에 서른 넘기

직전에 겨우 턱걸이해서 결혼했는데 너무한 거 아냐?"라며 원망했다. 당시에는 여자가 서른 살을 넘기면 결혼하기 힘들다는 통념이 있어 여자가 늦게 결혼하는 것이 흉이 되었다. 그런 사정을 잘 모르는 이모들은 만날 때마다 우리 자매가 남동생들을 잘 키웠으니 보상받을 자격이 있다고 강조하시곤 했다. 이모들을 만나면 우리 자매의 마음도 흔들렸다. 나와 여동생의 그런 보상 심리가 얼마나 유치한 마음이었는지 깨닫기까지 정말 많은 시간이 필요했다.

1999년 12월 중순, 시카고 공항이었던 것으로 기억된다. 유난히 많은 한국인 학부모와 자녀가 짝지어 돌아다녔다. 집안이 넉넉해 유학을 보낸 부모 자식 관계는 비교적 화기애애해 보였다. 그러나 가정형편이 어려운데 무리해서 자식을 유학 보낸 경우에는 공항 구석에서 부모와 자식이 다투는 모습이 간혹 눈에 띄었다. 그해는 밀레니엄을 앞두고 세상의 모든 컴퓨터가 인식 오류를 일으켜 항공, 기차, 자동차, 신형 건물, 금융 시스템 등에 이르기까지 모두 셧다운시킬 거라는 Y2K가 최고 이슈였다. 그러나 우리나라는 1997년에 시작된 IMF를 어느 정도 극복하고 있어서인지 Y2K의 공포에서 비교적 멀리 있어 보였다. 공항 면세점에는 한국인 고객들이 제법 많았다.

나는 미국에서 공부를 마치고 그 대학의 한 연구 프로그램을 들고 귀국해 연계된 교육 관련 사업을 시작했다. 고등학생인 두 아들을 미국에 두고 귀국했기 때문에 종종 미국을 방문해 아이들을 보살펴야 했다. 그날도 나는 미시간 주의 이스트 랜싱이라는 소도시의 공립 고등학교 졸업 전학년인 두 아들을 만나고 국내선 비행기를 타고 국제공항이 있는 시카고에 와서 서울행 비행기를 기다리고 있었다. 연말이 가까워 시댁 식구들과 직원들에게 작은 선물이라도 사다주는 것이 좋겠다 싶어 잠시 면세점에 들렀다. 국내 경기가 풀려서인지 시카고의 면세점에는 어머니와 유학 온 자식으로 보이는 한국인 고객 그룹이 제법 많았다. 겨울방학을 앞둔 시점이어서 어머니와 자녀들이 함께 귀국하는 그룹도 종종 보였다.

그런데 면세점을 나와 화장실로 가다가 한 모자가 조심스럽지만 격렬하게 싸우는 광경을 목격했다. 어머니가 눈물을 억제하며 "내가 너를 어떻게 길렀는데 나한테 이래?"라고 분노에 찬 목소리로 말했다. 그러고는 핸드백에서 손수건을 꺼내 눈물을 훔쳤다. 아들은 그런 어머니를 다른 사람들이 보지 못하게 바짝 다가서면서 낮지만 강한 목소리로 "창피하게 왜 그래요? 목소리 좀 낮춰요"라면서 어머니를 더욱 구석으로 밀어붙였다. 어머니는 구석으로 밀치는 아들을 뿌리치며, "그래, 나는 무식해서 이런 데서 목소리 낮출 줄 모른다. 그래서 어쩔래?"라고 좀전보다 조금 더 높은 목소리로 말했다. 어머니 역시 공공장소에서는 조용히 말해야 한다는 사실을 알지만 너무 화가 나서 자제할 수 없는 모양이었다. 그러나 아들은 큰 소리로 싸우려 드는 어머니가 창피한지 주변을 휘휘 둘러보다가 나와 잠시 눈이 마주치자 머쓱한 표정을 짓고는 재빠르게 어머니 쪽으로 눈을 돌리더니 어머니를 홀로 남겨두고 휙 자리를 떴다. 혼자 남겨진 어머니는 손수건으로 걷잡을 수 없이 흐르는 눈물을 급히 찍어내며 누구에게랄 것도 없이 "집 팔아서 유학까지 보내놨더니 부모를 이렇게 무시해……. 무자식이 상팔자라는 옛말이 이렇게 잘 맞아떨어지다니"라며 넋두리를 했다. 나는 조용히 다가가 그녀의 슬픔에 공감하며 조심스럽게 자초지종을 물었다. 그녀의 사연은 이랬다.

남편이 30대 초반에 사고사를 당해 그녀는 일찍 혼자가 되었다. 그러나 20대 후반의 젊은 나이에 아들이 하나 있어 물불 가리지 않고 일하면 먹고살 수 있겠다며 용기를 냈다. 지인의 소개로 남대문시장에 가판대를 놓고 잡화를 팔아 근근이 먹고살게 되었다. 그렇게 번 돈을 아들 공부시키는 데 아낌없이 썼다. 변변한 과외 한번 못 시켰지만 아들은 공부를 잘해 자랑거리가 되었다. 다행히 시장에서 장사도 자리가 잡혀 집을 한 채 장만했다. 그런데 대학에 다니던 아들이 공부를 더 하고 싶은데, 그러려면 미국으로 유학을 가야 한다고 조심스럽게 말했다. 그녀는 집을 팔아 아들의 유학자금을 마련해주었다. 그렇게 해서 몇 년간 아들과 떨어져 혼자 살았다.

아들의 대학원 졸업을 앞두고 아들이 미국에서 어떻게 공부하며 사는지 보고 싶어 생애 처음으로 미국 여행을 하게 되었다. 그런데 아들이 어머니를 예전처럼 대하지 않았다. 아들은 어머니와 함께 다니는 내내 음식점에서는 쩝쩝 소리 내지 말고 드시면 안 되느냐고 잔소리하며 이마를 찌푸렸고, 물건 사러 매장에 갈 때마다 모르는 것이 있어도 이런 데서는 큰 소리 내며 묻지 말고 말수도 좀 줄이라는 등 마치 어머니를 어린아이 다루듯 했다. 심지어 외출하려는 어머니에게 그런 옷밖에 없느냐, 촌스럽다, 당장 갈아입어라라며 잔소리를 서슴지 않았다. 처음에는 내가 뭘 잘 몰라 아들이 나를 걱정스럽게 생각하는구나 싶어 무심히 들었는데 점점 자존심이 상했다. 그렇게 말하지 말라고 주의를 줄까 했지만 아들이 많이 배워서 못 배운 엄마가 남들한테 손가락질받을까봐 그러는 거겠지 이해했다. 그러나 자랑스러운 아들과 함께 귀국해서 주변 사람들에게 자랑하며 보여주고 싶었는데, 그 아들이 면세점에서 자신의 태도를 못마땅해하며 화장실 앞으로 끌고 와 다그치는 바람에 참았던 화가 폭발했던 것이다.

화난 이유를 모두 털어놓은 그녀는 "내가 이런 대접 받으려고 그 고생하면서 자식 공부시키고 부자들도 보내기 힘들다는 유학까지 보냈으니 누구를 탓하겠어요. 무식한 내가 바보지"라며 자학했다. 그런 자조적인 푸념을 들은 나는 그녀의 감정에 이입되어, 만약 내가 그 어머니일지라도 아들이 그런 행동을 보이면 용서하기 힘들었을 거라는 생각이 들었다. 아마도 나라면 그 어머니처럼 소극적으로 아들에게 소리나 지르지 않고 아예 말없이 슬그머니 혼자 귀국하고 아들이 찾아와도 다시는 안 보겠다고 단호히 말할 것이라는 생각까지 들었다.

그러나 사람의 감정은 대부분 순간적으로 편협하게 발동한다. 그녀에 대한 감정이입 역시 마찬가지였다. 그녀와 헤어져 비행기에 오르자 그들 모자의 상황을 냉정하고 객관적으로 되짚어보게 되었다. 비행기를 타고 12시간 넘게 오는 동안 더욱 객관적인 판단을 할 수 있게 되었다. 마침내 그 어머니도 딱하지만 아들도 딱하다는 결론을 얻었다. 만약 그 아들이 자기는 공부를 많이 했고 미국식 매너에 익숙한데, 어머니가 공공장소에서 큰 목소리로 말하거나 어린 아기처럼 누구나 다 아는 것을 알려달라고 목소리를 높이는 것이 남들 눈에 어떻게 보일까 걱정될 수도 있겠다 싶었던 것이다. 특히 우리나라는 학력이 높을수록, 그리고 학교에서 모범생일수록 자신이나 가족보다 남들 눈을 의식하지 않던가. 그 아들 역시 학교 다닐 때 공부를 잘했다니, 그런 체면 문화에 익숙해 어머니의 행동이 매너 없고 남들 눈에 띌까봐 걱정되었을 것이다. 실제로 미국의 보통 사람들은 길거리에서 큰 소리로 떠들고 옷도 아무렇게나 입는데, 미국으로 유학 온 한국 학생들은 미국의 일반 시민들보다 미국 안에서도 자식들을 대학에 보낼 수 있는 중상류층 사람들을 주로 접해 우리가 그들만큼 매너를 지키지 못하면 창피하다고 생각한다. 그 학생 또한 그런 문화적 영향을 받지 않았나 하는 생각이 들었다.

　그날 시카고 공항에서 한국인 모자의 모습을 보고 갈등 원인까지 짚어본 후, 나는 부모 자식 간의 갈등을 객관적으로 해석하려는 버릇이 생겼다. 길거리에서 모자 또는 모녀가 이런 문제로 다투는 광경을 보거나, 드라마에서 비슷한 장면을 보면 베푼 사람과 보살핌을 받은 사람의 생각이 똑같을 수 없다는 분별력이 생겼다. 부모 자식 간에도 부모는 적은 돈 쪼개 자식들에게 용돈이나 학비 등 개인 생활비를 최대한 많이 준다고 생각하지만, 받는 자식 입장에서는 항상 모자란다고 느끼는 것과 같지 않을까 하는 생각을 하게 된 것이다. 그러나 사람은 본능적으로 발생하는 분노를 인위적으로 억제할 능력이 부족하다. 남들이 나에게 "누나가 얼마나 고생하며 저희를 사법고시 패스하게 했는데, 남동생이 누나를 못 본 척하면 못쓰지"라는 말을 하는 순간, 남동생이 나에게 보여준 서운한 태도들만 편집되어 머리에 선명하게 떠오르곤 했다. 여동생도 나를 만나면 남동생의 섭섭한 태도에 대한 불평이 많았다.

이런 이중적인 태도가 고쳐진 것은 성장한 두 아들의 따끔한 충고 때문이었다. 두 아들이 결혼하겠다고 우기던 둘째 남동생 나이가 되었을 무렵, 우리 집에 온 여동생과 내가 둘째 남동생에 대해 괘씸하다고 말하는 것을 들었는지 여동생이 돌아간 뒤 큰아들이 물었다.

"엄마, 외삼촌들은 엄마나 이모한테 섭섭한 것이 없을 것 같으세요?"

나는 당황했다. 지금까지 한 번도 그런 생각을 해보지 않았던 것이다. 그러나 순간 화가 나서 "외삼촌들이 뭐가 섭섭해, 누나들한테 받기만 했는데"라고 쏘아붙였다. 그때 작은아들이 딱 잘라 말했다.

"누나가 엄마 대신 보살펴주었다고 애정 문제에까지 끼어든다면 저라도 싫을 것 같아요. 엄마는 외삼촌의 엄마가 아니라 누난데, 그런 일에까지 끼어드는 것이 옳다고 생각하세요?"

나는 순간 아들에게 화를 내며 "그럼 너도 네가 사귀는 여자 친구를 엄마가 싫다고 하면 엄마를 미워할래?"라고 되물었다. 미국에서 자라 개인주의적인 경향이 강한 아들은 망설임 없이 "당연하죠. 그건 제 사생활이 잖아요. 엄마랑 이모가 외삼촌 애정 문제를 왈가왈부했기 때문에 아마도 외삼촌 마음속에 누나들이 길러준 공은 다 날아가고 원망만 남았을 거예요"라고 더욱 냉정하게 말했다. 나는 더 이상 답변할 말이 없었지만 여전히 마음이 좋지 않아 "그래서 머리 검은 짐승은 거두면 안 된다는 옛말이 있는 것 같다"라는 시골 할머니 같은 말을 남기고 일어나 내 방문을 쾅 닫고 들어갔다.

그러나 다시 곰곰이 생각해보니 둘째 남동생의 처지를 완전히 이해할 수는 없었지만 어느 정도 이해되기 시작했다. 겨우 여덟 살에 어머니를 여의고 모성 결핍에 시달렸을 그 애는 아마도 엄마 노릇을 해줄 여자가 그리웠을 것이다. 누나가 아무리 살뜰하게 보살펴준다고 해도 아직 어리고 사는 지혜가 부족하니 감정 기복도 심하고 기분에 따라 화풀이도 많이 했을 것이다. 누나들이 엄마 역할을 대신하기에는 턱없이 부족했을 것이다. 이런 깨달음을 얻자 나는 여동생을 조금씩 설득하면서 내 마음에 가득했던 남동생에 대한 미움을 조금씩 몰아낼 수 있었다.

나는 이토록 오랜 시간에 걸쳐 베푼 사람은 보상 심리를 갖게 하고, 받은 사람은 받은 것 이상의 부채를 느끼게 하는 상대방이 부담스러울 거라는 생각이 들었다. 그래서 나는 자녀들에게 필요 이상의 부채를 주지도 받지도 않겠다는 태도를 확고히 하고 있다. 그리고 지금 자녀를 키우는 젊은 부모들에게 자식을 위해 희생만 하면 원하지 않아도 보상 심리가 생겨 자식에게 부담을 줄 수 있다고 말하곤 한다.

5장

당근과 채찍의
황금률

아이들을 너무 엄격하게 키우면 인성이 부족해 능력이 있어도 비호감
되기 쉽습니다. 반대로 너무 풀어서 키우면 공부도 못하고 매너도 엉망
이어서 인성이 길러졌다고 하더라도 무능할 수 있습니다. 자식은 적당
한 당근과 채찍을 모두 갖추고 있어야 바르게 잘 키울 수 있습니다. 그
럼 당근과 채찍을 어떻게 조절해야 하는지 알아보겠습니다.

야단만 치니
도망가고 싶어요

"공부만 파고드는 착한 애였는데, 엄마한테 너무 들볶여서 안됐어요."

고등학교 1학년 혜원은 엄마 손에 이끌려 스피치를 배우려고 나를 찾아왔다. 혜원은 특목고 학생이었다. 나는 대부분의 스피치 수업을 자기 고백으로 시작한다. 자기 자신에 대한 말도 제대로 못하면서 타인과 대화를 잘하기는 어렵다고 보기 때문이다. 혜원은 사춘기 소녀답게 자기에 대해 이야기하기를 싫어했다. 대신 친구 이야기를 하겠다고 했다. 최근에 엄마 때문에 강박장애를 앓는 친구가 있단다. 교실 구석에 가끔 웅크리고 앉아 몰래 떨고 있어 장애 진단을 받은 사실을 알게 되었단다. 그 친구의 엄마는 그런 진단을 받고도 의사 선생님이 정신력이 약한 아이들에게 잘 걸리는 병이라고 하셨다며 공부를 더 열심히 해서 정신력을 강화하면 괜찮다고 말씀하셨단다. 혜원은 "이 친구는 아침 7시부터 자정 무렵까지 학교와 학원만 돌아요. 고지식해서 종일 공부를 쉬지도 못해요. 마치고 집에 가면 쉬어야 하는데, 엄마가 기숙사 사감선생 같대요. 집에 들어서자마자 그날 공부한 것들을 내놓으라고 하신대요. 모두 검사해서 잘못을 찾아내 보충하고 자라고 해서 제때 잠도 못 잔대요"라고 말했다. 그 친구 엄마는 자식이 아무리 열심히 공부해도 "그 정도로는 ○○대학 가려면 어림도 없다. 정신 바짝 차려라"라고 야단만 치신단다. 혜원은 "우리 엄마가 저에게 그렇게 야단만 치신다면 저는 아마 벌써 가출했을 거예요"라며 친구 대신 열을 냈다.

들고 있던 다른 수강생들이 여기저기서 "우리 엄마도 웬만큼 잘해서는 칭찬을 안 해요"라거나, "죽어라 열심히 해도 더 잘하라고만 하시니 도대체 뭘 얼마나 더 잘해야 하는지 알 수가 없어요" 등 폭로가 튀어나왔다. 대부분 공부 잘하는 애들이라, 엄마들의 자식 공부 욕심이 지나치게 많은 것 같았다.

아동심리학자들은 부모의 보호가 필요한 나이의 어린 자식들은 부모가 인정해주지 않으면 버림받을지 모른다는 불안에 빠질 수 있다고 말한다. 따라서 부모가 자식을 더 잘되게 하려고 계속 야단만 치면 불안해서 공부에 집중하기 어려울 수 있다. 소심한 성격의 아이는 부모가 자기를 좋아하지 않는다고 비관해 공부에 몰입할 에너지가 없어지기 쉽다는 것이다. 부모가 마음으로는 "우리 애 정도면 공부도 잘하고 악기도 잘 다루고 운동도 잘하고 빠지는 것이 없다"며 대견해하면서도 나태해질까봐 더 잘하라고 야단부터 친다면 아이는 좌절감에 빠질 수 있다. 그렇게 되면 부모가 원하는 바와 정반대 결과를 낳을 것이다.

어린 시절, 나는 어머니의 차가운 성격에 많은 상처를 받았다. 아버지에게는 가끔 터놓고 대들기도 했지만 병약한 어머니에게는 병이 도질까봐 무조건 입 다물어야 해서 더 많은 상처를 받은 것 같다. 그래서 그런지 형제들 중에서 내가 부모님 두 분의 차가운 성격을 가장 많이 물려받아 비사교적이라고 생각할 때가 많다. 어머니는 특히 딸의 공부에 관해서 아버지보다 훨씬 더 냉정하셨다. 딸이 자기처럼 종갓집에 시집가 자유 없이 살기를 원치 않아서 그러셨을지도 모르겠다는 생각을 한 것은 두 아들을 거의 다 키운 다음이었다. 어쨌든 어머니는 "그만하면 잘했다"라는 칭찬에도 인색하셨다.

초등학교 때 국어 시험이 매우 어렵게 출제된 적이 있는데, 내가 1등으로 98점을 받고 2등이 72점이었다. 그러나 어머니는 내 설명을 듣고도 내가 하필 틀린 문제만 꼬집어서 "어떻게 그처럼 쉬운 문제를 틀렸니?"라고 말씀해 크게 실망했다. 그런 방법으로 딸들을 열심히 공부하게 만들어 두 딸을 전문직 여성으로 길러냈으니, 어느 정도는 성공하신 셈이다. 그러나 내가 그 후 국어 공부에 흥미가 떨어져 더 이상 그 정도 점수를 받지 못한 것을 어머니는 모르셨을 것이다. 그래서 나는 종종 그때 어머니가 "정말 대단하다. 그렇게 점수 차이가 나는 걸 보면 너는 정말로 국어 공부를 잘하는구나" 정도는 아니더라도 "그 정도면 잘했네"라는 따뜻한 말 한마디만 해주셨다면 분명 지금쯤 유명한 국어학자가 되어 있을 거라고 생각한다. 부모가 자식을 대견하게 여겨도 말로 표현하지 않거나 더 잘하라는 의미로 야단만 치면 자식은 부모의 속마음을 읽을 수 없으니 의기소침해질 수밖에 없다.

그래서 나는 두 아들에게 조금만 잘해도 칭찬을 듬뿍 해주려고 노력한다. 두 아들이 "엄마 아들이니까 다 잘하는 거 같죠"라고 사양할 때가 종종 있을 정도다. 물론 나도 모르게 칭찬에 인색했던 부모님의 태도를 보고 배워 의도적으로 칭찬하지 않으면 일단 야단부터 쳐서 두 아들에게 크게 항의받은 적도 더러 있다. 자식들의 항의를 받으면 반드시 시정한다는 것이 우리 부모님과의 차이라고나 할까. 그 정도 시정만으로도 두 아들이 엄마를 별로 원망하지 않는 걸 보면 반면교사라는 말이 나에게는 딱 들어맞았던 것 같다.

아버지가 자주 하시던 "세상에서 가장 쓸데없는 말이 그만하면 잘했어야"라는 말을 최근 한 미국 영화의 대사로 다시 들었다. 2014년에 발표된 할리우드 영화 〈위플래쉬〉다. 주인공인 음대 교수 플레처가 제자들을 무섭게 훈련시키며 던진 말이었다. 그는 악기 연주에 탁월한 학생을 발굴해 천재라는 명성을 얻게 하는 것을 낙으로 여겼다. 이미 몇 명의 천재 음악가를 길러내 유명세를 얻었다. '위플래쉬(Whiplash)'라는 영화 제목은 '채찍질'을 의미한다. 아시아에 덜 알려진 배우들이 주연을 맡고, 1985년생 신예 감독의 작품인데도 아시아에서 큰 인기를 얻었다. 그만큼 아시아 부모들의 뜨거운 교육 열기를 느낄 수 있다. 아마도 많은 부모들이 이 영화의 플레처 교수 캐릭터를 닮아서인지도 모르겠다. 그러나 학생을 너무 잔인하고 모욕적인 방법으로 한계에 도전하도록 밀어붙이는 플레처 교수의 채찍질 교육법에 대해 미국 본토에서는 많은 논쟁이 있었다. 나는 자식을 한 분야의 최고로 만들고 싶은 한국 학부모들에게 한 번 감상해보고 채찍질 교육에 대해 깊이 생각해보라고 권한다.

물론 영화의 또 다른 주인공인 학생 앤드루도 드럼 연주계의 최고가 되려는 욕망이 크다. 미국에는 한 분야에서 최고가 되고자 하는 야망이 큰 학생들이 많은 편이다. 그런 학생과 재능 있는 학생을 발굴해서 세계 최고 반열에 올리는 것을 즐기는 교수가 만난 것이다. 둘이 함께 최고를 목표로 너무 심하게 질주하다가 둘 다 광인이 되어가는 과정이 흥미롭다. 나는 이 영화를 보는 내내 "누나, 나는 정말 멍청한가봐"라고 묻던 첫째 남동생의 표정이 생각났다. 나는 "누가 그래? 아버지는 우리 5남매 중에서 네가 제일 똑똑하다던데"라고 대답해주었다. "말도 안 돼, 진짜로 아버지가 그랬어? 거짓말이지? 누나가 지어낸 거지? 아버지는 항상 나만 보면 '멍청한 놈, 그것도 몰라?'라며 야단치시는데……." 아버지에게 하루도 빠지지 않고 야단맞던 초등학교 시절의 남동생과 처음이자 마지막으로 나눈 다정한 대화였다. 영화 〈위플래쉬〉의 주인공 플레처 교수도 예전 우리 아버지 못지않게 재능 있는 학생을 잔인하게 훈련시켰다. 아버지는 장남이 주어진 과제를 다 마쳐도 충분하지 않다며 계속 야단을 치셨다. 쉴 틈을 주지 않고 더 어려운 과제를 내주고 채찍으로 밀어붙이면 한계를 넘어설 수 있어 더 빛나는 인재로 성장하리라 여겼던 것이다. 그러나 동생은 그런 것을 감당할 수 없어 채 다 자라기도 전에 망가져 스스로 삶을 포기하고 말았다.

영화 속 플레처 교수 역시 재능을 그렇게 길러야 성공한다고 믿었던 것 같다. 〈위플래쉬〉는 다미엔 차젤레 감독이 고교 시절의 실화를 토대로 만들었다고 한다. 여전히 천재는 채찍질로 강하게 조련해야 빛난다고 믿는 스승과 부모가 존재하고 있음을 말해준다. 그것도 자식과 학생을 자율적으로 키우기로 유명한 미국에서 말이다. 나는 이 영화 속 플레처 교수 캐릭터와 우리 아버지 모두 자식 또는 제자를 통해 자신의 욕망을 이루려 상대방의 천재성마저 망친 것이라고 확신한다. 어릴 때부터 그런 과정을 똑똑히 지켜보았기 때문에 나는 영화를 보는 내내 전율하지 않을 수 없었다.

대중은 항상 성공한 사람들의 신화를 좋아한다. 그래서 베토벤이나 모차르트처럼 아버지의 무서운 채찍질 훈련으로 역사적인 예술가가 된 사람들의 생애 이야기를 각색해서 퍼뜨린다. 그리고 사람들은 그런 스토리에 열광한다. 그러나 지금은 그런 채찍질 훈련만으로는 최고가 되기 힘들다. 국내 최초로 세계 피겨스케이팅계의 그랜드슬램을 달성한 김연아역시 자신의 한계를 초월했기에 목표를 달성할 수 있었을 것이다. 그녀가 거의 매일 엉덩방아를 1천 번 이상 찧었다는 보도를 여러 차례 보았다. 그러나 타인의 채찍질만으로는 지쳐서 그렇게 많이 연습하지 못했을것이다. 스스로 하고 싶은 열망이 우러나야 가능하다는 것을 그녀는 누누이 강조했다. 영화 〈위플래쉬〉의 플레처 교수와 학생 앤드루처럼 채찍질만으로 최고를 만들면 인성이 망가져 사람 기계가 되고 만다.

한때 미국 예일 대학교의 중국계 미국인 에이미 추아 교수의『타이거마더』라는 자녀 교육서가 큰 반향을 일으켰다. 그녀는 두 딸을 초시계로재며 하루 2,000개씩 계산 문제를 풀게 했다는 등 자신의 성공 사례를 긍정적으로 소개했다. 2011년, 추아 교수의 큰딸 소피아가 하버드 대학교와 예일 대학교에 동시 합격했다는 소문과 함께 출간돼 더욱 주목을 받았다. 우리나라 강남 3구 학부모들은 그녀의 호랑이 엄마 교육법이 궁금해 한국으로 초청해서 직접 강의를 듣기도 했다. 그러나 그녀 역시 나중에는 둘째 딸이 자기 마음대로 되지 않았음을 고백하고, 이 책은 자식들에게 자유를 너무 많이 주는 미국 엄마들을 위한 책이며 아시아 엄마들은굳이 그렇게 할 필요가 없다고 고백했다.

부모가 자식을 잘 키우려는 진정성을 가지고 진짜로 자식이 잘되기를 바라는 마음에서 채찍을 휘두르는 부모가 대부분이지만, 화풀이하는 경우도 많다. 요즘 부쩍 부모가 자식을 때리는 아동 학대 실태가 자주 공개된다. 어린이집 아동 학대에 이어 부모의 자기 자녀 학대가 사회를 들썩이게 하고 있다. 부모의 아동 학대는 부모가 "버릇을 제대로 길러주기 위해 때린다"는 '훈육' 개념을 남용해서 생긴 경우가 많다는 분석이 우세하다. 부부 싸움을 하거나 이혼하는 등 자신의 문제를 자식들에게 화풀이하면서도 겉으로는 훈육을 내세운다는 것이다. 놀던 장난감을 안 치운다며 장난감을 마구 던지고 소리를 지르거나, 설거지하라고 시키고는 깨끗하지 않다며 다그치거나, 숙제하라고 해놓고는 "방이 왜 그 모양이냐? 방부터 치워" 하며 사사건건 야단치면, 자녀는 위축되고 부모에 대한 증오만 쌓일 것이다. 부모의 말을 따르기는커녕 점점 더 부모의 마음에 안 드는 일을 해서 복수할 수도 있다. 그것이 거듭되면 엄마한테 야단맞고 잘못한 일을 때운다는 식의 감정적 내성도 생긴다. 그렇게 되면 부모 말의 파워가 약화돼 자녀는 부모의 말을 우습게 여기고 자기 멋대로 행동한다. 물론 자녀를 잘 키우려면 채찍도 필요하다. 그러나 채찍을 휘두를 만한 정당한 공감대가 있어야 한다. 그리고 채찍을 휘두른 후에는 반드시 상처를 달래주는 당근을 주어야 한다.

그때 왜

혼내지 않았어요?

"사람이 왜 그 모양이야? 배울 만큼 배웠으면 그 정도 매너는 지킬 줄 알아야지."

"죄송합니다, 잘 몰랐습니다."

"그 정도도 몰라? 가정교육을 어떻게 받은 거야?"

직장인 조문영 씨는 명문대학 출신으로 스펙이 좋다. 악기, 운동, 외국어, 해외 연수 등 빠지는 것이 없다. 여러 분야에서 상도 받았다. 따라서 대기업에 순조롭게 입사했다. 그러나 입사 초기부터 윗사람에게 미움을 사기 시작했다. 상사에게 예사롭게 반말을 했다. 토를 너무 많이 달았다.

심지어 상사 자리에 걸터앉아 초등학생처럼 꾸지람을 듣기도 했다. 누구도 그와 가까이 하고 싶어 하지 않았다. 다들 피해 마음을 터놓을 동료가 없었다. 학창시절에는 성적이 좋아 버틸 수 있었지만 협업이 중요한 직장은 달랐다.

"스펙 좋아서 뽑았더니 골칫거리예요. 자기가 마신 커피 잔을 아무 데나 두질 않나, 할 말 안 할 말 가리는 눈치가 있나, 정말 사회생활에 너무 안 맞는 사람이에요."

신입 직원 조문영 씨에 대한 동료들의 평판이었다. 깐깐한 상사는 가정교육 운운하며 그의 태도에 자주 화를 냈다.

나는 조문영 씨를 한 대기업의 강의장에서 만났다. 자신도 이런 평판에 대해 알고 있었다. 그러나 고쳐지지 않아 고민이라며 강의를 마친 뒤 찾아와 조심스레 해결책을 물었다. 정말로 몰라서 한 일까지 악의로 해석돼 고민이란다. 자세히 들어보니 가정교육을 거의 받지 않은 것 같았다. 나는 그의 고민을 다 듣고 난 뒤 이렇게 조언해주었다.

"습관은 하루아침에 고쳐지는 것이 아니니 느긋하게 생각하고 주간 또는 월간으로 한 가지씩만 차례로 고쳐보세요."

또한 먼저 개선 계획을 세우고, 실행할 자신이 없을 경우 내게 메일을 보내면 체크해서 다음 단계로 넘어가도록 도와주겠다고 했다. 그 후로 한동안 연락을 주고받았다. 그러면서 그가 그렇게 행동하는 이유를 알게 되었다.

그의 부모님은 그가 유치원 때 이혼했다. 경제 상황은 나쁘지 않았다. 아버지가 부자였다. 할머니가 엄마를 싫어해 이혼한 것으로 기억한다고 말했다. 다행히 엄마가 아버지에게 양육비를 충분히 받아 돈에 쪼들린 기억은 없었다. 학원이나 특기 교육에도 또래들에 비해 많은 돈을 들였다. 양육권을 둘러싸고 오랜 소송이 진행된 끝에 엄마와 함께 살게 되어 마음이 놓였다. 그러나 엄마는 밑도 끝도 없이 걸핏하면 "미안하다"면서 그를 끌어안고 울었다. 그래서 자기라도 엄마를 행복하게 해드려야겠다고 결심해 열심히 공부했다. 공부를 잘하자 무례한 행동을 해도, 어질러 놓고 치우지 않아도 엄마는 모든 것을 용서했다. 어른 앞에서 어떻게 행동하고 어떤 행동을 하면 안 되는지 구분하는 훈육도 받지 못했다.

초등학교 5학년 때 아버지와 만나는 날 아버지를 따라서 오랜만에 할머니 댁에 갔다. 이때도 그는 자기가 연 문을 닫는 것조차 몰랐다. 남의 물건을 만지고 그냥 놔둬도 되는 줄 알았다. 할머니는 손자의 버릇없고 무례한 행동에 일일이 화를 내셨다. 그가 식사하면서 생선 가시를 발라주지 않는다며 고함을 지르고 수저를 내던지자 할머니는 새파랗게 질린 얼굴로 "저렇게 자라서 어디에 쓰겠니?"라며 노골적으로 경멸하셨다. 그러나 어린 그는 자기가 잘못해서라기보다 할머니가 엄마를 미워해서 자기도 미워하는 거라고 믿었다. 엄마는 항상 가시를 발라 생선살을 수저에 얹어주셨는데 할머니는 자기를 사랑하지 않기 때문에 그런 것도 해주지 않는 것이라고 여겼다. 그래서 그는 사사건건 트집 잡는 할머니가 싫어 아빠에게 얼른 엄마 집에 데려다달라고 큰 소리로 졸랐다. 할머니 때문에 엄마가 고생하며 산다는 생각까지 겹쳐 더 이상 할머니 얼굴을 보고 싶지 않았다.

그러나 직장생활을 하면서 자신의 태도 때문에 다른 사람들과 자주 부딪치다보니 그때 할머니가 엄마 때문이 아니라 자신의 무례한 행동 때문에 화냈을지도 모른다는 생각이 들었다. 그래서 그는 사회생활에 필요한 기본 매너, 예를 들면 방문 열고 들어간 후 닫기, 치약 쓰고 뚜껑 닫기, 자기가 사용한 물건 제자리에 두기, 공동생활에서 타인에게 방해되는 소음 내지 않기, 외출 시 행선지 알리기, 남의 소지품 함부로 손대지 않기, 만나고 헤어질 때 인사하기, 상황과 상대방에 따라 말 골라서 하기 등을 배우지 못한 채 성인이 되었다. 그의 성장기에 우리 사회는 학벌과 성적 제일주의가 팽배했다. 그의 무례하고 매너 없는 태도도 높은 성적과 좋은 학벌에 가려질 수 있었다. 높은 성적, 좋은 대학 졸업장, 악기 다루는 솜씨, 각종 대회 수상 등 화려한 스펙 덕분에 대기업에도 취직할 수 있었다. 그러나 비슷한 스펙과 능력을 갖춘 사람들이 모인 대기업에서는 그의 무례한 태도가 확연히 드러났다. 타인과 어울려 살 수 있는 인성이 전혀 길러지지 않아 조직의 골칫거리로 부상했다.

그와 마지막으로 메일을 주고받은 것은 그가 직장에 입사한 지 5년 만에 회사에서 잘린 직후였다. 그는 "왜 우리 엄마는 내가 무례하고 제멋대로 구는데도 야단치지 않으셨을까요?"라는 말을 남기고 연락을 끊었다.

가끔 거리에서 툭 부딪치고도 미안하다는 말 한마디 없이 휙 지나치는 무례한 젊은 남자를 보면 조문영 씨가 어떤 새로운 삶을 시작했을지 궁금해진다.

부모가 자녀에게 자기 분야의 최고가 되라며 혹독하게 야단만 치면 자녀들의 정서는 메마르기 쉽다. 공부나 특정 분야에서 최고를 만드는 데는 성공하더라도 타인을 이해하고 포용하는 능력이 떨어져 사회생활을 잘하기 어렵다. 그렇다고 아이의 비위만 맞추다보면 더 큰 문제를 야기할 수 있다. 왜냐하면 사람의 습관은 한 번 굳어지면 잘못 붙인 벽지를 떼어내 원상으로 되돌리는 것 이상으로 바꾸기 어렵다.

인간은 모든 동물 중에서 거의 유일하게 생활양식을 훈련받아야 완성된다. 배변 훈련부터 걷기, 앉기, 수저 사용법, 이웃을 대하는 태도, 자기 물건 정리하기 등 삶에 필요한 모든 행동과 태도를 훈련받아야 타인과 갈등을 일으키지 않고 유쾌하게 더불어 살 수 있는 것이다. 인간이 교육이라는 제도를 발명한 것도 그런 필요성 때문이었을 것이다. 가끔 숲에 버려진 어린 아기를 늑대 같은 맹수가 키우다가 뒤늦게 사람들에게 발견된 사건이 세상에 알려지기도 한다. 아기 때부터 맹수에게서 자란 아이는 맹수처럼 행동하는 것을 볼 수 있다. 그만큼 인간은 훈련에 의해 전혀 다른 생명체로 변할 수도 있다. 따라서 자식의 지나친 요구와 잘못된 행동을 부모가 통제하지 않고 모두 받아주면 적절한 나이에 갖추어야 할 기본 매너조차 익히지 못해 훗날 엄청난 고생을 하게 된다. 인간다운 행동을 제 나이에 배우지 못하면 나중에 스스로 그 행동이 부끄럽다고 여기게 되어도 고치기 힘들어 큰 좌절을 맛볼 수 있다.

앞에서 언급했듯이, 나는 영아기에 새벽 3시경에 깨어 울면서 놀아달라던 첫아들과 심한 기 싸움을 벌인 적이 있다. 그때 어린 아기가 결코 만만한 존재가 아니라는 점을 절실히 깨달았다. 아기는 어른보다 동물적 본능이 더 강해 부모건 누구건 기 싸움을 벌이면 절대 물러서지 않으려 한다는 것도 경험했다. 부모가 그런 아기와의 기 싸움에서 밀리지 않으려면 아기가 죽는 시늉을 해도 절대 죽지 않으니 절대로 넘어가지 말라던 아동심리학과 교수님의 충고가 두 아들을 양육하는 내내 주요 지침이되었다. 그래서 나는 아이들이 불필요한 요구를 관철하려고 심하게 떼를쓰거나 타인에게 불편 끼치는 행동을 하면 절대로 물러서지 않고 반드시그 자리에서 고치도록 무섭게 야단을 쳤다.

유치원 입학을 전후해 두 아들이 길거리의 장난감 가게에서 장난감을사달라고 조르며 그 자리에 주저앉아 운 적이 있었다. 그때도 그 자리에혼자 두고 자리를 피해 스스로 그런 부당한 요구가 절대 통하지 않는다는것을 깨닫도록 했다. 나는 무조건 엄격한 자녀교육이 바람직하다고 생각하지는 않는다. 그러나 몇 가지 원칙을 세우고 지키지 않으면 무섭게 야단치는 엄격함을 보여야 한다고 생각한다. 나는 두 아들에게 절대로 어기면 안 되는 규칙을 정해주고 어기면 호락호락하게 넘어가지 않았다.

나무랄 때는 길게 말하지 않고 한두 마디로 짧게 끝냈다. "그건 안 된다고 했지? 그런 짓은 절대 용서받지 못한다는 거 알지?" 이렇게 단호한 목소리로 말하면 아이들은 충분히 무서워하고 조심했다.

미국 부모들은 자식이 아주 어릴 때 행동 교육을 무섭게 시킨다. 미국 중산층에서는 매너 없고 제멋대로 행동하면 루저, 즉 실패한 사람 취급할 정도였다. 자녀를 중산층 이상으로 키우려는 부모들은 가정교육을 엄격하게 시킨다. 특히 타인과 어울려 사는 데 가장 필요한 매너 교육에 철저하다. 걸음걸이, 음식, 기호식품에 대한 취향까지 멋지고 우아한 방법을 교육하는 가정도 있다.

미국에서 공부할 때, 한번은 아파트 옆 동에 사는 대학 강사 캐롤린의 여섯 살짜리 딸을 집 앞에서 만났다. 항상 밝은 아이였는데, 이날은 표정이 어두워 조심스럽게 "왜, 화나는 일 있어?"라고 물었다. 아이는 엄마에게 벌로 한 시간 동안 목욕탕에 갇혔다가 방금 풀려났다고 말했다. 이유는 그림 그리기에 정신 팔려 집에 찾아온 엄마 친구에게 곧바로 인사하지 않아 엄마를 화나게 했단다. 엄마는 손님이 돌아가신 후 자기 양쪽 뺨에 강력 테이프를 붙여 억지로 웃는 표정으로 한 시간 동안 목욕탕에 들어가서 반성하는 벌을 주셨단다.

영화에서 보면 미국 아이들은 무척 자유분방하다. 우리나라 또래들보다 훨씬 제멋대로 행동하는 것 같아 보인다. 그러나 잘 살펴보면 남에게 폐 끼칠 일은 절대로 안 한다는 것을 알 수 있다. 아주 어릴 때부터 그런 것을 기본 매너로 엄격하게 교육받아서일 것이다. 현지 엄마 몇 명과 대화를 나눠보니 어린아이들이 잘못된 행동을 했을 때 부모가 가볍게 넘어가면 나쁜 버릇을 절대로 바로잡을 수 없다고 입을 모았다. 아이가 평생 잊지 못할 만큼 호되게 꾸지람을 해야 각인 효과가 생겨 같은 잘못을 반복하지 않는다는 것이다.

지난여름 큰아들이 뉴욕에 집을 마련해 국내의 가족을 초청해 함께 마이애미로 휴가를 갔다. 휴가를 마치고 다시 마이애미 공항에서 뉴욕으로 향하는 비행기를 타야 했다. 공항에서 대기하고 있는데 갑자기 비행기에서 원인 모를 고장이 발견되어 출발이 지연된다는 안내방송이 들려왔다. 큰아들 부부는 요즘 미국 국내선은 종종 그렇다며 웃었다. 그런데 지연 시간이 점차 늘어나더니 무려 11시간이나 되었다. 대기 승객 중에는 서너 살짜리 아이를 동반한 젊은 부부가 여럿 있었다. 거의 모든 승객이 공항 내 패스트푸드점에서 식사를 때워야 했다. 식사 시간이 넘도록 기다리다 지연이 연장되었다는 방송을 듣게 돼 모두 배가 고픈 상황이었지만, 어떤 아이도 공항 로비에서 다른 사람 앞길을 방해하며 뛰어다니지 않았다. 승객 중 부모와 함께 피자를 사다 먹으려던 네 살 정도 여자아이가 음식을 꺼내려다 바닥에 떨어뜨리자 엄마가 화난 눈빛으로 아이 눈을 똑바로 쳐다보았다. 아이는 얼른 떨어뜨린 피자를 원래 피자가 들어 있던 상자 안에 주워 담아 쓰레기통에 버리고 돌아왔다. 그제야 엄마는 부드러운 표정으로 아이에게 같이 손 씻으러 가자며 손을 잡고 화장실로 향했다.

비행기가 무려 11시간이나 지연되다보니 어른인 나도 짜증이 났다. 그러나 부모와 함께 대기 중인 아이들은 다른 승객들을 방해하지 않도록 의자에 엄마와 나란히 앉아서 책을 보거나 퍼즐놀이, 색칠하기 등을 하며 조용히 시간을 보냈다. 구석에서 공놀이를 하는 아이도 있었지만 타인에게 방해되지 않는 자리를 찾아 부모와 함께 했다. 나는 그들이 어떤 방법으로 훈육했기에 어린아이들이 저렇게 매너가 좋은지 궁금했다. 그래서 다섯 살 정도 되어 보이는 사내아이를 데리고 내 앞에 앉아 있던 엄마에게 물어보았다. 그 엄마는 "이 나이 정도 되면 공공장소에서 어떻게 행동해야 하는지 정도는 알아야죠. 아기 때부터 엄하게 가르치면 어렵지 않게 몸에 익힐 수 있어요"라고 말했다.

프랑스 엄마들은 미국 엄마들보다 더 지독하다. 어린아이가 고급 레스토랑에서 나이프나 스푼을 떨어뜨리면 이런저런 잔소리 없이 곧바로 아이의 따귀를 손자국이 날 정도로 세게 때린다. 그런 다음 아무 일 없었던 듯 가족들과 대화를 나눈다. 아이는 잠시 의기소침해 있다가 금세 아무렇지 않은 듯 대화에 끼어든다. 나중에 이유를 알고 보니 이런저런 잔소리를 하는 것보다 아이 스스로 잘못을 받아들이고 다시는 같은 잘못을 저지르지 않도록 하려면 그 방법이 가장 효과적이란다. 이들이 어린아이 때부터 행동 교육을 엄격하게 시키는 이유는 행동과 습관은 그야말로 시기를 놓치면 교육이 잘 안 되기 때문이라고 한다. 무엇보다 타인의 눈살을 찌푸리게 하는 행동이 몸에 배면 아무리 학업 성적이나 지적 능력이 빼어나도 사회생활을 잘할 수 없다는 것이다. 물론 체벌이 과다해서 종종 사회문제로 번지기도 하지만 중산층의 교양 있는 집안에서는 자녀에게 잔소리 대신 이런 방식으로 공공질서 교육을 시킨다. 나 또한 어린아이에게 인격적 손상을 미칠 만큼 가혹한 폭행은 반대하지만, 남에게 피해를 끼치는 행동을 방임하는 것보다는 낫다고 생각한다. 아이를 때리지 않고 말로 가르칠 수 있다면 가장 좋겠지만, 아이의 타고난 기질상 또는 일정한 훈육 나이를 넘겨 말로 가르치는 것이 불가능하다면 이런 방법도 고려할 수 있다고 생각한다. 물론 체벌은 적당한 선에서 멈출 수 있는 부모의 인내심과 자제력이 수반되어야 한다. 그래서 교육 잘 받은 프랑스 중산층 부모들도 이 점에 유의하는 모습을 보여주곤 한다. 요즘 인성교육을 강조하는데, 타인에게 불쾌감을 주지 않는 태도를 갖추는 것이야말로 인성의 기본이라고 할 수 있을 것이다.

나는 아버지에게서 얻은 경험으로, 두 아들에게 너무 엄격한 가정교육은 시키기 싫었다. 그러나 버릇없이 키우기는 더더욱 싫어 중간 지점을 찾아내려 했다. 다양한 경험 덕분에 어느 정도 해결책을 찾아낼 수 있었다. 항상 정직할 것, 어른에게도 할 말은 하되 정중하게 할 것, 남에게 피해 주지 말 것, 쓰고 난 물건은 반드시 정리해 다른 사람에게 폐 끼치지 말 것, 대화할 때는 상대방의 입장과 처지를 고려해서 말할 것, 공짜로 남의 물건을 얻지 말 것, 지금 할 일을 미뤄 펑크 내지 말 것 등 10개 이내의 규칙을 정하고, 이것만 지키면 다른 것은 자율적으로 행동하도록 했다. 이 방법은 아주 긍정적인 효과를 가져다주었다. 두 아들이 사회생활을 하면서 주변 사람들과 잘 지내고, 나름대로 성공했지만 교만하지 않고, 부모나 배우자와도 소통을 잘하는 장점을 갖게 된 것이다. 그러나 내가 부모님의 가정교육에서 좋은 점은 이어받고 문제점은 개선할 노력을 하지 않았다면 이런 방법을 찾아내 두 아들을 균형 있게 키울 수 없었을 것이다.

엄마라면 누구나 눈에 넣어도 안 아플 정도로 자식이 예쁘다. 그러니 무섭게 야단치기가 쉽지 않을 것이다. 자식은 가끔 화나게 만들기도 하지만 돌아서면 모두 용서된다. 그래서 나도 엄마들이 왜 자기 자식의 안 좋은 행동에 대해 따끔하게 나무라지 못하는지 충분히 이해한다. 그러나 성인이 된 자식이 행복하게 살기를 바란다면 엄마의 눈뿐 아니라 남의 눈에도 예쁜 자식이 되도록, 때로는 각인효과를 남길 만큼 따끔하게 야단칠 필요가 있다.

03

도대체 내가 뭘 잘못해서
야단맞는지 모르겠어요

"엄마가 저한테 뭘 원하시는지 진짜 모르겠어요."

"어떤 때는 가게에 나와 설거지하라고 하시고, 어떤 때는 설거지하러 가게에 나갔더니 '공부 안 하고 누가 그런 거 하라고 하더냐? 당장 들어가서 공부해'라며 버럭 화를 내세요."

"공부하고 있으면 어떤 때는 칭찬하시고, 어떤 때는 엄마 힘들어 죽겠는데 집안일 거들지 않고 공부만 하는 싸가지 없는 애라고 짜증을 내세요."

중학교 2학년 예린은 한창 사춘기라서 자기 마음을 다스리기도 벅찬데 엄마의 변덕 때문에 더욱 힘들다. 견딜 수 없을 정도로 화날 때가 많다. 더 심해지면 집을 나가버릴까 신중하게 고려 중이란다.

"집 나가면 어떻게 살려고?" 이렇게 묻자 편의점 알바 자리는 구할 수 있단다. 이미 몇 차례 구체적으로 궁리해본 듯했다. 예린은 우리 동네에서 제법 잘나가던 치킨 집 딸이다. 치킨 사 먹으러 몇 번 드나들며 안면을 텄다. 엄마를 도와 가게에서 일을 거드는 착한 딸로 보여 기특했다. 치킨 맛이 좋아 브랜드 치킨에 질린 주민들이 제법 많이 드나들었다.

그동안 장사가 잘되었는데 오랜만에 들렀더니 가게 분위기가 전에 없이 싸늘했다. 가게 문을 열자 어둡고 우울한 기운이 확 느껴졌다. 빈자리도 많았다. 썰렁한 가게 한쪽에 예린이 목을 외로 꼬고 앉아 있었다. "오늘도 가게 나왔구나?" 밝게 인사했으나 예린은 마지못해 "오셨어요?"라고 대답했다. 예린의 엄마는 보이지 않았다. 손님이 없어서 방으로 쉬러 들어가셨단다. "무슨 일 있니?"라고 조심스럽게 묻자 잠시 망설이던 예린이 화난 말투로 말했다. "아빠가 바람났어요." 오늘도 부부 싸움을 심하게 하고 아빠가 집을 나가셨단다. 엄마는 너무 속상해서 이불 쓰고 누워 계시고.

예린의 아빠는 대기업 과장이었다. 그러나 갑자기 경기가 안 좋아져 회사에서 반강제로 명예퇴직했다. 그 퇴직금으로 치킨 집을 차렸다. 열심히 노력해 어느 정도 자리를 잡았다. 그러나 사업이 안정되자 긴장이 풀렸던지 아빠가 자주 자리를 비웠다. 엄마는 그럴 때마다 짜증을 냈다. 부부 사이가 점차 험악해졌다. 그러던 차에 아빠가 예전 직장 부하직원을 만났는데, 그녀가 이혼당했다고 하소연했다. 마음이 따뜻한 예린 아빠는 자기 일처럼 위로해주었다. 그 여자는 점차 혼자 해결하기 어려운 일이 생기면 예린 아빠에게 전화해서 긴급 도움을 청했다. 아빠는 바람처럼 달려가 도왔다. 그러다가 둘이서 눈이 맞았다. 가게를 안정시키기 위해 옆도 안 보고 성실하게 일해온 아빠였지만 바람이 나자 제정신이 아니었다. 직장 여자 후배 집의 하수구가 넘친다, 창문이 잘 안 닫힌다 등의 핑계로 걸핏하면 가게 일을 엄마에게 미루고 하루 종일 자리를 비웠다. 엄마는 혼자 모든 일을 도맡아 하느라 무척 고달팠다. 아빠만 나타나면 사정을 묻기도 전에 화부터 내고 심하게 짜증을 부렸다. 그러자 아빠는 점차 사귀는 여자 집 수리 비용마저 가게 금고에서 빼갔다. 예린 엄마는 더 이상 못 참겠다며 정식으로 이혼을 요구했다.

예린은 부부가 갈등하고 이혼 운운하기까지의 과정을 모조리 지켜봤다. 예린의 설명을 듣고 나니 가게 분위기가 썰렁한 이유가 이해되었다. 예린이 나에게 이런 집안 사정을 털어놓은 것은 아빠가 나타나면 말도 붙이기 싫은데 어떻게 해야 할지 모르겠다며 대화 전문가인 나에게 조언을 듣기 위해서였다. 한마디로 명쾌하게 답변해줄 수는 없었다. 그래서 "어렵겠지만, 네가 아버지 바람난 사실을 모르는 것처럼 살갑게 대하는 게 가장 좋긴 하지"라고 애매하게 말할 수밖에 없었다.

가족의 일원 중 누군가가 이런 종류의 사고를 치면 남은 가족들은 그를 직설적으로 원망하고 화를 내며 막말을 하게 된다. 가족들에게 어떻게 그럴 수 있느냐는 생각이 들기 때문이다. 반면에 사고 친 가족은 "가족인데 그 정도도 용서해주지 못하고 보기만 하면 무조건 무시하고 경멸하느냐. 나는 더 이상 이 집에서 존재감이 없다"며 서운해한다. 그렇다보니 점차 서로 감정의 골이 깊어져 더욱 험한 말이 오간다. 각기 다른 종류의 분노가 브레이크 없는 페달처럼 굴러간다. 마침내 가정이 찢어지는 지점에 이르러서야 멈춘다. 이런 경우, 성인군자가 아닌 한 남은 가족들은 용서해주기 어렵다. 그런데 용서받지 못하면 사고 친 사람은 더욱 깊은 소외감에 빠진다. 가족의 위로만이 그의 마음을 돌려놓을 수 있다. 그러므로 아무리 미워도 나머지 가족들이 막말을 줄이고 분노를 억제하려고 노력해야만 가정이 파괴되는 것을 막을 수 있다. 그런 역할을 겨우 중학교 2학년인 예린에게 요구하기에는 너무 어려운 일인 것 같아 더 이상 아무 말도 하지 못했다.

평소 말수가 적은 예린 엄마는 무척 부지런하고 성실했다. 대부분 한 동네 사람들인 고객들은 그래서 그녀를 좋아했다. 예린 아빠는 유쾌하고 사교적이었다. 손님들과 항상 즐겁게 터놓고 대화했다. 가게에 와본 사람들은 "참 잘 어울리는 부부다"라고 칭찬했다. 그런 가정이 파괴되는 상황까지 이른 것이다. 그래서 예린네 집안 사정을 남의 일로만 보기 어려웠다.

사회적으로 경기가 나쁘면 누구나 예린 아빠가 될 수 있고 예린 엄마도 될 수 있다. 나는 예린에게 "엄마 속은 지금 말이 아닐 거야. 힘들겠지만 네가 이해하는 수밖에 없어. 조금만 지나면 엄마도 마음을 가라앉히실 거야"라고 말했다. 그러자 예린은 내가 마치 자기 엄마라도 되는 것처럼 욱해서 따지듯이 말했다. "저는 힘들지 않겠어요? 그래도 엄마는 어른이 잖아요. 그리고 엄마는 원래부터 변덕이 심했어요. 전부터 제가 똑같은 일을 해도 어떤 날을 잘했다고 칭찬하고 어떤 날은 그것밖에 못했느냐고 야단쳤어요. 그래서 도대체 내가 뭘 잘못해서 야단을 맞는지도 모르겠다 는 생각이 들 때가 많았어요."

부모가 자식들이 공감하며 받아들일 수 있는 분명한 기준을 가지고 상 벌을 주어야만 훈육이 통한다. 상벌 기준을 분명히 하려면 부모 말에 무 게감이 있어야 한다. 부모가 자식에게 이 말 했다, 저 말 했다 일관성이 없으면 안 된다. 가끔 "우리 애가 내 말을 아주 우습게 알아요. 혼내도 소 용없고…… 누굴 닮아서 그런지 속상해 죽겠어요"라고 말하는 엄마들을 만난다. 그럴 때마다 나는 "그 아이가 누굴 닮아서가 아니라, 엄마가 자 신의 말을 가볍게 만드셨군요"라고 말해주고 싶어진다.

곰곰이 생각해보면 나도 어릴 때 무섭기로 소문난 아버지 말씀보다 병 약한 어머니 말씀을 더 무겁게 여겼다. 아버지는 화를 낼 때 너무 많은 말 씀을 하셨고, 가끔은 했던 말을 번복하셨다. 그러나 어머니는 화가 나면 더욱 간결하고 짧게 말씀하셨다. 말수가 적어 한 번 한 말을 뒤집은 적이 거의 없었다. 무서울 정도로 일관성이 있었다. 그래서 나는 예린이 평소 이랬다저랬다 하는 엄마의 태도를 비난하는 것을 이해했다. 사실 나도 그런 적이 있었던 것이다. 그래서 예린에게 마치 나 자신을 변명하듯 "맞아, 어른들은 자기가 말해놓고 잊어버려서 그래. 그날그날 기분에 따라 말하다보면 같은 일을 해도 다르게 말하기 쉽단다. 너희 엄마만 그러신 게 아니라 나도 그렇고 다른 엄마들도 그렇게 하시기 쉬워. 너희 엄마는 살림만 하시다가 갑자기 가게에 나와 돈도 벌고, 너도 키우고, 살림도 해야 해서 더욱 정신이 없으셨을 거야. 지금은 이해 안 되겠지만 너도 엄마 나이쯤 되면 이해될 거야. 그러니 엄마를 너무 미워하지 마라"라고 말하고 싶었다. 그러나 예린의 표정을 보니 무조건적 위로의 말이 필요한 듯해 목소리 톤을 바꾸어 "그래, 예린이 네가 집에서 제일 힘들겠다. 내가 뭘 해주면 조금이라도 도움이 될까?"라고 말했다. 예린은 멋쩍게 웃으며 "선생님이 구질구질한 저희 집 얘기를 다 들어주셨잖아요. 그리고 아무한테도 전하지 않으실 거잖아요. 그것만으로도 많이 도와주신 거예요"라고 말했다. 나는 그토록 속 깊은 녀석이 오죽 화나면 엄마를 저렇게 원망할까 싶어 더욱 안타까웠다.

나를 포함한 많은 엄마가 육아와 가사만으로도 너무 바빠 정신을 차리기 어려워한다. 직장에 다니면 두말할 나위도 없다. 엄마들도 보통 결혼 전까지는 그토록 바쁘게 살아본 적이 없다. 결혼하고 출산하면 갑자기 일이 너무 많아져 감당하기 벅차다. 제대로 정신 차리고 살기 어려울 정도다. 자식이 내 말대로 따라주지 않으면 더욱 그렇다. 자식에게 일관성 있게 말하며 살기가 거의 불가능한 것이다. 그러나 어린아이들은 기억력이 매우 좋다. 엄마의 말을 낱낱이 기억한다. 엄마의 말에 일관성이 없다고 느끼면 엄마에 대한 신뢰가 깨진다. 그런 일이 거듭되면 엄마의 말에 무게감이 없어져 매사를 가볍게 여긴다.

예컨대 엄마가 "도대체 왜 그렇게 공부를 안 해? 게으름 피우다가 성적 떨어져서 죽도록 맞아볼래?"라고 말했는데, 진짜로 성적이 떨어졌지만 "이번만 봐주는 거야. 다음에는 국물도 없어"라고 말을 번복한다. "방 좀 치우라고 했더니 이게 뭐야. 그게 방이야? 쓰레기통이지. 당장 치워"라고 야단쳐서 아이가 방을 좀 꼼꼼히 치우고 있는데, "왜 공부 안 하고 쓸데없는 짓만 해?"라고 말하면 아이는 엄마가 시킨 일 중 무엇을 먼저 해야 할지 헷갈린다. 이처럼 엄마가 윽박지르기만 하면 엄마의 말에서 무게감이 빠져나간다. 이런 일이 반복되면 엄마의 말은 한없이 가벼워진다.

사춘기쯤 되면 엄마의 말이 하나도 무섭지 않다. 엄마가 아무리 무섭게 윽박질러도 귓가로 흘려듣고 자기 멋대로 행동하게 된다. 사춘기 자녀들과 너무 많이 싸우는 엄마라면 지난 시절 이런 과정을 겪지 않았는지 되짚어볼 필요가 있다.

사실, 부모들에게도 어린 시절이 있었다. 아마도 그때는 엄마가 말을 이랬다저랬다 하면 싫었을 것이다. 어쩌면 '우리 부모 맞아?'라는 생각도 들었을 것이다. 그래서 점차 엄마 말을 대강 흘려듣고 자기 마음대로 행동했을 수도 있다. 그런 행동의 결과가 좋지 않으면 "엄마가 말리지도 않고"라며 원망했을 것이다. 그런데 자녀가 엄마 말을 가볍게 여긴 원인이 엄마의 일관성 없는 말이나 애매한 상벌 규정임을 알면서도, 왜 그것을 되풀이하는 것일까?

사람은 누구나 어릴 때부터 관찰 학습을 한다. 부모의 행동 패턴을 자세히 관찰해서 자기도 모르게 내 것으로 만든다. 옳고 그름의 구분 없이 모든 관찰 내용을 내 몸에 입력시킨다. 그래서 부모의 싫은 점도 따라 하게 되는 것이다. 이러한 악순환의 고리를 끊으려면 지금 당장 부모가 자신의 부모에게 배운 습관을 억지로 잘라내야 한다. 그렇게 하려면 자신이 자식에게 원하는 것들을 글로 정리하고, 너무 많으면 중요도순으로 삭제해 10개 이내로 줄이는 과정을 거치는 것이 좋다. 그런 다음 매일 실천하고, 실천에 성공한 항목을 그날그날 체크해 스스로 부모다운 말의 무게감을 되찾아야 한다.

나 역시 미국에서 커뮤니케이션 공부를 시작하기 전에는 내 기분에 따라 아이들을 야단치거나 칭찬했다. 회사 일이 잘 풀려 기분이 좋으면 퇴근 후 두 아들이 요란스럽게 놀고 있어도 그냥 두었다. 그러나 회사에서 선배나 동료와 좋지 않은 일이 있어 기분이 삐딱한 날은 "숙제도 안 하고 놀기만 할 거야?"라고 으름장을 놓았다. 다행인 것은 내가 두 아들에게 엄마에게 할 말 있으면 솔직하게 말할 수 있는 권리를 준 것이었다. 두 아들은 내가 기분에 따라 같은 일을 다르게 평가하면 곧바로 "엄마, 왜 어제는 이 시간에 지금처럼 놀아도 아무 말씀 안 하시더니 오늘은 화내세요? 원래 숙제는 저녁 먹고 바로 하는 것으로 되어 있잖아요"라며 따졌다. 그제야 나는 머쓱해져 "그래? 미안하다. 엄마가 회사 일로 기분이 별로여서 그만"이라고 솔직히 말하고, 내 말을 시정했다. 무엇보다 내가 두 아들에게 절대 어기면 안 되는 규칙만 지키면 나머지는 자율권을 준다는 기본 원칙을 확고히 지켜 두 아들의 이런 항의에도 화내지 않고 곧바로 사과하며 태도를 시정해 내 말의 무게감을 유지할 수 있었다.

나는 미국에서 많은 유대인 엄마들을 만났다. 그들은 내가 아무리 오픈 마인드로 두 아들을 대한다고 생각해도 어쩔 수 없는 한국 엄마임을 실감하게 해주곤 했다. 그들은 자녀에게 엄격한 규칙을 지키도록 요구하는 대신 엄마도 아이들의 자율권을 함부로 침해하지 않았다. 아이들이 미리 정해진 스케줄대로 움직이게 해 나처럼 기분 내키는 대로 오늘은 공부 안 하고 논다고 야단치고, 어느 날은 놀아도 그냥 놔두지 않았다. 내 눈에는 그 집 아이들이 기계처럼 자기 할 일을 스스로 정해진 시간 안에 마치는 것이 인간적이지 않고 다소 부정적으로 보였다. 그러나 부모가 아이들 숙제나 시험공부 등을 따로 챙길 필요가 없는 점은 무척 부러웠다. 비결을 알고 나니 더욱 그랬다.

이들은 아이 스스로 목표 성적이나 배우고 싶은 과외 과목 등을 정하도록 한다. 아이는 부모에게 자기가 정한 목표를 미리 알리고 부모는 그 목표를 달성하지 못할 때만 개입한다. 개입할 때도 절대로 야단부터 치지 않는다. 일단 목표를 달성하지 못한 이유부터 설명하게 한다. 중간에 말을 끊지 않고 차분하게 끝까지 경청한다. 타당한 이유가 있는 것으로 판단되면 "다음에는 목표를 달성할 수 있겠지?"라고만 말한다. 더 열심히 할지 말지는 스스로 결정하도록 남겨둔다. 이유가 불분명해 보이면 그에 대한 책임을 묻는다. 아이들은 용돈을 대폭 깎거나 일정 기간 외출을 금지하는 벌을 가장 무서워해 주로 용돈 줄이는 것으로 책임을 지운다. 아이들의 상벌을 분명히 하고 엄마의 말에 무게감을 유지하는 것이 유대인 부모들이 자식을 잘 키우는 중요한 비결인 것 같다.

6장

자식의
공부, 인성, 성공을 모두 잡는
10가지 대화법

성적이 좋고 스펙이 화려해야만 자식이 행복하고 성공적인 삶을 사는 것이 아니라는 사실은 많이 알려져 있습니다. 인성, 자립심, 문제 해결 능력 등을 겸비하지 않은 채 성적과 스펙만으로는 성공과 행복이라는 두 마리 토끼를 잡을 수 없지요. 이 책 마지막 장은 제가 두 아들을 키우면서 공부, 인성, 미래의 성공을 모두 가능하게 한 주요 대화법 10가지를 소개하려고 합니다. 하나씩 차근차근 실천하면 반드시 원하는 결과를 얻을 것입니다.

01

지시 대신
질문하기

"당장 장난감 제자리에 갖다놓고 숙제하지 못해?"

"한다니까."

"지금 당장 하라고."

"알았다고."

그렇게 대답하면서도 아이는 여전히 장난감을 치우지 않는다. 그러면 엄마는 화가 치밀어 더 크게 고함친다. 그제야 아이는 겨우 장난감을 휙 던지고 책상 앞으로 천천히 다가간다.

엄마가 자기를 위해서 하는 말인데, 아이들은 도대체 왜 그렇게도 말을 안 듣는 걸까? 엄마는 속이 상하기 마련이다. 만약 엄마가 사람은 본성적으로 남의 지시를 싫어한다는 것을 이해하면 그나마 속이 좀 덜 상할 것이다.

사람은 만물의 영장답게 남이 이래라저래라 하는 것을 엄청 싫어한다. 해보고 싶던 일도 싫어진다. 사람은 아주 어릴 때부터 나는 사람이기 때문에 스스로 알아서 모든 일을 잘 처리할 수 있다는 자만심을 가지고 있다. 그래서 엄마의 일방적인 지시를 싫어한다. 많은 엄마가 이런 본성을 이해하지 못하기 때문에 잘 키우려는 의욕이 넘칠수록 더 지시를 많이 내린다. 그중 가장 많이 하는 말이 "숙제부터 하고 놀아라"일 것이다. 엄마가 숙제부터 하고 놀라고 말하면 자식은 숙제를 강요와 연관 지어 바로 하기 싫어한다. 그래서 엄마가 목청을 높이고 매를 들기 전까지 계속 미루며 숙제를 시작하지 않는 것이다. 특히 아들이 더 심하다. 남자는 태생적으로 서열의 동물이다. 지시를 받는다는 것은 서열이 낮다는 의미다. 엄마가 내린 지시로 서열이 흔들리면 불쾌해 일단 거부한다. 요즘에는 딸도 아들 못지않게 지시를 싫어하는 경향을 보인다. 아들, 딸 따지기 전에 어린 자식도 지시받기 싫어한다는 점을 인정해야 한다.

"내가 못 살아. 오늘도 숙제부터 하랬는데 말 안 듣고 장난감만 가지고 놀다니, 도대체 왜 그래?"

엄마가 매일 이런 말로 야단치고 화를 내도 대부분의 자식은 끄떡도 하지 않을 것이다. 숙제하는 척하며 소극적으로 대응하는 아이도 있지만 마음으로부터 부모의 지시를 받아들이는 것이 아니어서 성의껏 숙제를 하지 않을 것이다. 어제도, 그제도, 한 달 전에도 같은 말로 꾸중을 들었지만 스스로 알아서 숙제를 해 엄마를 기쁘게 할 생각이 없기 때문에 같은 지적을 반복하게 되는 것이다. 엄마가 지시어 사용을 금지하지 않는 한 근본적인 해결책은 없다.

엄마라면 누구나 자식을 남들보다 더 반듯하게 잘 키우고 싶을 것이다. 그렇게 키우려면 안 좋은 버릇을 바로잡고 공부 열심히 하는 자세를 갖추도록 조언하고 훈육해야 한다. 그런데 지시어로는 훈육이 잘 안 된다. 훌륭한 충고도 상대방이 기꺼이 받아주어야 가치가 있는 법이다. 사실 알고 보면 지시어를 사용하지 않고 자식을 잘 키우는 것이 그리 어려운 일은 아니다. 지시어를 질문으로 바꾸기만 하면 된다. "숙제부터 하고 나서 놀아라", "게임 그만 하고 공부 좀 해라" 등의 지시어를 질문으로 바꾸기만 해도 자식이 스스로 태도를 바꾸게 된다.

"당장 숙제부터 해"를 "숙제는 언제 할 거야?"로, "당장 게임 그만두지 못해?" 대신 "게임 언제 끝나?"로, "옷차림이 그게 뭐야? 당장 바꿔 입어"를 "그 옷 입고 외출해도 괜찮겠니?"로 바꿔보기 바란다. 그럴 때 자식에게 "이것만 마치고 숙제할게요"라는 대답을 얻으면 대성공이다. 엄마가 다시 "언제 끝나는데?"라고 묻기만 하면 된다. 틀림없이 30분 또는 한 시간이면 된다는 식으로, 지금 하는 것을 마치고 나서 스스로 숙제할 시간을 정할 것이다. 그때부터 엄마는 자기가 정했으니 약속한 시간을 정확히 체크해 강제로 숙제하도록 해도 반발하지 못하고 순종할 것이다. 그리고 이 모든 진행 사항이 엄마의 강제성 때문이 아니라 자신의 자발적 선택으로 여겨져 다음부터는 엄마가 강제로 시키기 전에 숙제부터 할 마음이 생길 수 있다.

"게임 언제 끝나?"라고 물었는데, "해봐야 알지"라는 대답이 돌아올 수도 있다. 그러면 다시 "그럼 공부 안 하고 게임하느라 밤새울 수도 있겠네?"라고 다시 묻는다. 아마도 엄마에게 미안해서 "그런 건 아니죠. 아마 한 시간 후면 끝날 거예요"라고 대답할 것이다. 그때 "그럼 한 시간 후에 공부하는 거야!"라고 못을 박아 자기 입으로 한 약속을 각인시키면, 다시 시간을 어길 경우 강제로 실천하게 해도 불평하지 못한다.

그러나 옷차림은 좀 다르다. "요즘 이런 옷이 유행이에요. 그래서 입고 나가려고요"라고 말하면 다소 마음에 안 들어도 "그래? 네가 그렇게 생각한다면 하는 수 없지" 등의 말로 쿨하게 허락하는 것이 낫다. 부모가 자녀의 옷차림에 깊이 관여하면 자칫 패션 감각이 뒤떨어져 자녀가 또래 집단에 왕따당하고 고립될 수 있다. 그냥 두면 시대에 맞는 패션 감각을 키울 수도 있으니 옷차림에는 어느 정도 자유를 주는 것이 좋다.

언어 사용 습관은 다른 습관들과 마찬가지로 한번 몸에 배면 피부처럼 벗겨내기가 어렵다. 자식에게 지시 내리고 야단치는 언어 습관을 질문으로 바꾸는 것은 간단치 않다.

"오늘은 숙제가 없는 모양이지?"

"아뇨, 있어요. 해야죠."

"언제?"

"저녁 식사 후에요"

"그래? 알았어."

내가 두 아들과의 대화법을 고친 후 우리의 대화는 대개 이런 식이었다. '해라', '하지 마라'라는 지시어가 삭제되었다. 대화란 상대방의 숨겨진 마음을 끌어내 진솔한 마음을 아는 것으로 시작된다. 지시어로는 불가능하다. 상대방의 마음속에 있는 것을 끄집어낼 수 있는 대화법은 질문법이다. 그러나 "했어, 안 했어?", "잘 했어, 잘못했어?" 등 결과를 묻는 것은 질문이 아니라 취조다. 뻔한 거짓말을 하는 사람에게 심리적 압박을 가해 인정하게 만들 때는 극약 처방과 같은 것이다. 부모가 자녀와의 대화에서 자녀의 마음을 열지 못하는 이유는 일방적으로 지시어를 남발하기 때문이다. 이처럼 지시어를 마구 쓰는 사람은 자식이 지시대로 행동하지 않으면 부모의 위상에 상처를 입었다고 여긴다. 자존심 상해 화가 난다. 그러다 보면 자기도 모르게 압박 질문으로 억지 대답을 끄집어내려 한다. 자식은 부모와 싸우면 불리하다는 것을 알기 때문에 영혼 없는 태도로 부모가 원하는 대답을 해 위기를 모면한다. 부모의 지시를 마음으로 받아들이지 않는다. 성의 없이 지시대로 행동해도 자녀는 불편하다. 그런 불편함이 누적되면 부모가 싫어하는 행동으로 소극적인 복수를 하게 된다. 따라서 점차 부모의 예측보다 훨씬 엇나가는 행동을 하게 된다.

부모와 자녀가 서로 속마음을 터놓고 알아보는 SBS TV 프로그램 〈동상이몽, 괜찮아 괜찮아〉의 한 사례는 이것을 아주 잘 보여주었다. 사례의 부모는 두 아들을 더 잘 공부시키려고 호주로 이민을 갔다. 큰 아들은 현지에서 잘 적응했으나 작은아들은 적응을 못하고 부모 몰래 혼자 귀국했다. 학교에서 터프한 남자애들한테 성추행당할 위기를 겪은 후 호주라는 나라까지 싫어졌다고 한다. 부모가 걱정할까봐 상황을 자세히 설명하지도 못하고 무서워서 학교를 그만둔 뒤 부모와 부딪치는 게 두려워 혼자서 몰래 귀국했던 것이다. 국내에서는 길거리 공연과 편의점 알바로 홀로서기를 했다. 부모의 연락마저 피했다. 한 모자의 사연이다.

10대 아들은 부모가 자기 의견을 전혀 묻지 않고 호주 이민을 결행한 것이 불만이었다. 그 때문에 애초부터 호주를 좋아할 수 없었다고 말했다. 호주 학교에서 당한 일도 부모님이 괜히 호주가 싫어서 그런 말 한다고 할까봐 말하기 어려웠던 것 같다. 그러나 엄마는 평소 아들과 대화를 많이 하는 편이라고 말했다. 아들이 그런 일을 겪은 줄은 정말 몰랐다고 한다. 아들은 엄마에게 정말로 필요한 말은 안 했지만 말을 많이 주고받으니 엄마는 모자가 대화를 충분히 한다고 믿은 것 같다고 말했다.

이처럼 자녀와의 대화는 간단하지 않다. 많은 이야기를 주고받는다고 해서 대화를 잘한다고 할 수는 없다. 진짜 걱정되는 일, 고민되는 일, 바라는 일, 비밀들을 솔직하게 터놓고 말하는 것이 진정한 대화다. 그래서 나는 두 아들과의 대화법을 수정할 때 가장 먼저 "해라", "하지 마라"와 같은 명령어를 삭제하기로 했다. 물론 사람의 습관은 고치기 힘들다. 나 역시 대화법을 전면 수정하겠다는 결심을 하고도 종종 "너희 오늘 컴퓨터 게임 너무 많이 한다. 언제 그만둘래?"와 같은 예전 대화법으로 돌아가곤 했다. 그럴 때마다 두 아들은 즉각 엄마의 질문 대화법이 예전의 지시 대화법으로 되돌아갔음을 지적했다. 사실 두 아들의 즉각적인 지적으로 내가 목표한 대화법으로 서서히 전환할 수 있었음을 인정한다.

그래서 나는 학부모를 대상으로 한 강의에 나가면 자식과 대화 잘하는 가장 좋은 방법으로 부모의 머리에서 지시어를 삭제하라고 권한다. 그러면 대부분 "그렇게 말하면 애들이 내 말을 잘 안 들어요"라는 반응을 보인다. 이미 억지로 좁은 상자 속에 물건을 마구 구겨 넣듯 협박하고 다그쳐서 겨우 부모 말을 듣게 만든 자식이라서 "그렇게 해줄래?"라고 말하면 부모 말을 우습게 여길 거라는 우려가 많았다. 그런 마음을 나도 잘 안다. 왜냐하면 나도 예전엔 그 엄마들과 똑같이 생각했기 때문이다. 그러나 모든 의심을 버리고 일단 실천해보니 두 아들의 태도가 눈에 띄게 달라졌다. 사람은 나이가 아무리 어려도 자기를 신뢰해주는 사람에게는 마음을 터놓는다. 부모도 매사에 지시어로 말하고 지시사항을 어기지 못하도록 억압하면 오히려 반대 심리가 발동해 마음이 굳게 닫힌다. 그러나 지시어 대신 질문을 통해 자식의 입으로 부모의 지시사항을 말하게 하면 놀라운 변화가 일어난다.

물론 나도 한국 엄마답게 처음부터 자식에 대한 의심이 없었던 것은 아니다. '과연 내가 유대인 교수님의 충고대로 대화법을 바꾸면 두 아들의 행동이 진짜로 바뀔까?'라는 의심이 끊임없이 내 마음을 흔들었다. 많은 엄마의 생각처럼 미국인들과 우리는 문화적, 사회적 여건이 다르다고 굳게 믿었기 때문이다. 그러나 교수님의 숙제로 대화법을 바꾸었더니 두 아들의 태도가 달라졌다. "게임 그만 하고 숙제부터 해"라고 지시하고 싶을 때, "숙제는 언제부터 할 수 있니?"라고 바꾸고, "시험공부 안 하고 노는 걸 보니 성적 잘 나오기는 글렀다. 성적 떨어지면 너희는 귀국해버려. 엄마는 비싼 달러 쓰면서 공부 소홀히 하는 꼴 못 봐"라고 말하고 싶을 때, "이번 시험은 공부 안 하고 봐도 되는 모양이지?"라는 질문법으로 바꾸기 시작했다.

처음에는 나의 의심스러운 기분과 자식들을 신뢰하지 못하는 한국적인 부모의 태도 때문인지, 아니면 익숙하지 않아서 그런지 두 아들은 내 질문에 곧바로 대답하지 않았다. 그러면 나도 잘나가다 가끔씩 소리 지르고 야단치던 예전 모드로 돌아갔다. 나중에 생각해보니 내가 너무 성급했던 것 같다. 컴퓨터 게임을 하는 모습을 볼 때마다 대화법의 효과를 의심하곤 더 효과적인 방법이 없을까 연구했다. 궁리 끝에 남자애들이 가장 민감하게 반응하는 표현법을 찾기로 했다. 바로 '쪽팔리다'였다. 남녀의 커뮤니케이션 특성의 차이에 대한 수업에서 남자들은 원시시대부터

무리 지어 협업으로 생계를 유지해왔기 때문에 소속 그룹 안에서 미움받는 것을 가장 두려워하게 되었다는 설명을 들었다. 원시시대의 추방은 맹수와 적대적인 부족에게 무방비로 노출되는 일종의 사형 선고였다. 그때부터 줄곧 바깥에 나가 협업이 필요한 사회생활을 해온 남자들은 여전히 소속 조직에서 추방당하는 것을 두려워할 거라는 생각이 들었다. '쪽팔리다'는 소속원들에게 창피를 당한다는 의미가 있어 남자들이 싫어할 거라는 생각이 들었다.

두 아들이 '쪽팔리다'라는 말에 민감하게 반응할 거라는 아이디어는 적중했다. 시험 삼아 "이번 시험 망치면 네 친한 친구 앤디에게 쪽팔리지 않겠니?"라고 물었다. "내일 시험은 공부 안 하고 봐도 괜찮겠니?"라는 질문보다 확실히 효과적이었다. 두 아들은 "안 되죠"라고 외치더니 곧바로 시험공부를 시작했다. 그래서 '바로 이거다'라는 생각을 했다. 이후로 두 아들이 반드시 실행해주기를 바라는 일을 시키려면 "아무개에게 쪽팔려도 괜찮니?"라고 물었다. 그 질문은 마치 어린이들을 단번에 불러 모아 내 마음대로 움직이게 만들 수 있는 마술피리와도 같았다. 얼마 지나지 않아 두 아들의 태도가 180도 바뀌었다. "미국까지 와서 비싼 달러 쓰면서 영어조차 제대로 배우지 못하고 귀국하면 쪽팔리지 않겠니?"라는 질문은 두 아들의 영어 실력을 향상시키는 고성능 엔진이 되어주었다. 당시 IMF 직전이어서, 달러가 최고로 비쌀 때는 1달러당, 2,000원을 넘었다. 국내에서 생활비를 부쳐주는 남편은 원화를 달러로 바꾸면 예전의 반 토

막밖에 안 돼 감당하기 힘들다는 말을 자주 했다. 정직하게 말한다면 '힘들어 죽겠으니 그만 다 접고 귀국해라'라는 의미임을 잘 알았다. 그러나 나는 못 들은 척했다. 두 아들이 막 공부에 재미를 붙였는데 접으려니 너무 아까웠다. 두 아들의 태도 변화를 조금만 더 살펴본 뒤 귀국 여부를 결정하기로 했다. 그 대신 두 아들에게 "귀국하지 않고 미국에 남으려면 영어를 미국 현지 애들만큼 해야 쪽팔리지 않을 것 같지 않니?"라는 말을 자주 했다.

두 아들은 점차 영어는 물론 학교 공부에도 열성을 보이기 시작했다. 두어 달 후부터는 내일 수업에 지장이 있으니 그만 자라고 일러도 공부를 마치고 자겠다고 우겼다. 스스로 영어를 유창하게 해야 한다면서 컴퓨터 게임 시간을 대폭 줄이고 TV 드라마를 자막 켜놓고 보며 일상 영어를 익혔다. 원래부터 몸이 약해 주로 방 안에서 책을 읽으며 시간을 보내온 작은아들은 영어 공부에 재미가 붙자 영어 실력이 부쩍 늘었다. 외국에서 미국으로 전학 온 아이들이 거쳐야 하는 ELS 수업을 마치고 영어 실력이 가장 높은 학생들이 공부하는 셰익스피어 문학을 가르치는 영문학반을 신청했다. 담당교사는 빈틈없고 냉철한 독일계 중년 여성인 로렌스 선생님이셨다. 작은아들의 요청을 황당하게 여긴 로렌스 선생님은 한마디로 "어림없는 소리"라며 학부모를 호출했다. 나에게 아들을 말리라고 당부했다. 두 아들이 다닌 중·고등학교는 우열반 편성이 기본이었다. 과목별로 거의 10단계 정도로 수준이 나뉘어 있다. 고등학교 1학년이 덧셈과 뺄

셈만 공부하는 반에 들어가도 되고 대학 과정의 수학을 공부하는 반에 들어가도 된다. 영어도 학년에 관계없이 기본 문법과 단어를 배우는 반에서 공부할 수도 있고 셰익스피어, 밀턴 같은 고대 영문학을 가르치는 영문학반에서 공부할 수도 있다. 그러나 보통 전 단계를 수료해야 다음 단계로 올라갈 수 있다. 실력 있는 학생은 앞 단계 수업 이수 자격시험을 통과하고 여러 단계를 올라간다. 이런 제도로 고등학교 재학 중에 고등학교 모든 단계의 시험을 통과한 뒤 인근 대학으로 가서 대학 수준의 수업을 들을 수도 있다. 대학 학점을 고등학교 때 이수하고 고등학교 졸업 후 대학원에 입학하기도 한다.

우리 작은아들은 한국에서 미국으로 전학 온 지 얼마 안 되기 때문에 ELS를 마치자 영어 수업 단계를 본인이 알아서 선택할 수 있었다. 보통은 기초 영어를 배웠기 때문에 제일 쉬운 반을 선택했다. 로렌스 선생님은 아들의 선택이 학교 규정상에는 문제 없지만 그 영어 실력으로 셰익스피어 문학을 배우기엔 무리가 많다고 경고하셨다. 기초 없이 어려운 영어를 배우면 영어 공부에 질려 학생에게도 좋을 것이 없다고 복잡한 말로 진심을 담아 충고하셨다. 그러나 아들은 미국까지 와서 달러 낭비 안 하려면 얼른얼른 어려운 수업에 등록해서 억지로라도 그 관문을 통과해야 하지 않겠느냐며 기어이 그 반에 들어가겠다고 우겼다. 자식의 학교 성적에 초연한 척하던 나도 아들이 공부를 더 많이 하겠다고 조르니 전적으로 아들 편이 되어 로렌스 선생님께 아들을 꼭 받아달라고 사정했다.

이제 겨우 기본 영어를 익힌 작은아들이 셰익스피어의 고어 소설과 시를 배우려니 고전할 수밖에 없었다. 그러나 지금까지 자기 입으로 한 약속을 어긴 적이 없다는 점이 아들에 대한 신뢰감을 주었다. 아들을 믿었더니 D+를 받아 간신히 낙제를 면했다. 로렌스 선생님은 작은아들이 중간에 포기하지 않고 낙제하지 않는 것은 기적이라고 말씀하셨다. 그리고 작은아들의 악바리 정신을 교사들에게 퍼뜨리셨다. 덕분에 작은아들은 선생님들 사이에서 유명해졌다. 그 일로 공부에 대한 의욕이 더욱 높아졌다. 차츰 교사들 사이에서 형과 함께 다니는 것까지 알려져 조 브러더스라는 별명으로 둘 다 유명해졌다.

자신감이 충만해진 두 아들은 학교 탤런트 대회에서 스토리 있는 태권도로 출전해 장려상을 받고 전교생에게 이름을 알리기도 했다. 그 당시 한국 학생들은 미국에 오면 발음이 잘 안 되는 한국 이름 대신 영어 이름을 만들어 사용했다. 그러나 두 아들은 영어 이름을 만들지 않고 한국 이름을 사용했다. 큰아들 '창연'은 미국 애들이 이름을 줄여 부르는 관행에 따라 '챙'으로 정해 미국 애들도 발음하는 데 전혀 불편하지 않았다. 그러나 작은아들 '승연'은 미국 아이들이 발음하기 너무 어려워해 대부분 '숭늉'이라고 불렀다. 작은아들은 자기 이름을 부르는 미국 애들을 줄 세워놓고 정확하게 발음할 때까지 반복하도록 했다. 나중에는 사탕을 한줌씩 들고 다니며 빨리 제대로 발음한 애들에게 상으로 주었다. 점차 이 사실이 알려져 이름을 제대로 발음하려고 아이들이 작은아들을 에워싸고 다녔다. 소문을 들은 선생님들까지 가세했다.

　두 아들이 학교에서 유명해진 후 한국 유학생이 하나둘 늘었다. 그런데 아직 영어가 서툴러 미국 애들이 지독한 욕을 하는데도 알아듣지 못해 모욕을 당하는 모습을 목격하고는 한국에서 온 한 아이에게 의미를 알려주었으나 잘난 척하지 말라는 핀잔만 들었다. 그 일로 속상해하는 작은아들에게 한국에서 온 지 얼마 안 된 애들에게 그런 표현은 이러이러한 욕이라고 알려주면 자존심 상할 수 있지만 네가 그런 내용을 글로 써서 책으로 선물하면 그렇지 않을 것 같지 않느냐고 물었다. 작은아들이 "책을 어떻게 써요?"라고 물었다. "네가 생각나는 대로 한국 사람들이 알아듣기 어려운 슬랭이나 욕 같은 것들을 매일 한두 개씩 찾아내 일기 쓰듯이 적어봐. 하루에 A4 한 장씩만 써도 석 달이면 책 한 권이 나올걸?"이라고 일렀다. 그렇게 해서 작은아들은 미국에서는 고등학교 1학년, 한국으로 치면 중학교 3학년 때 영어에 관한 첫 책을 출간했다. 아들이 다닌 미국 학교는 초등학교 5년, 중학교 3년, 고등학교 4년으로 구성되어 있었다. 그 책은 국내에서 해외 조기 유학 붐을 타고 영어 분야 베스트셀러 2위에까지 올랐다. 미국으로 유학 가기 전에 그 책을 읽고 미국까지 들고 와 상황별로 찾아보며 큰 도움을 얻었다는 독자들의 편지가 심심치 않게 왔다. 그리고 이 책은 일본의 고단샤에 수출되기도 했다. 그것으로 작은아들은 작가가 될 준비를 시작했다. 10대에 펴낸 책을 일본에 수출까지 하고 지속적으로 책을 출간해 유명해진 것도 순전히 "쪽팔리지 않느냐?"는 질문이 가져온 놀라운 성과라고 생각한다.

큰아들 역시 '쪽팔리지 않기 위해' 공부를 열심히 해 점차 이과반에서 두각을 나타냈다. 고등학교 2학년 때부터 가장 수준 높은 과학반에 들어갔다. 인근에서 가장 큰 도시인 디트로이트의 대기업에 가서 기금을 받아 직접 만든 전기자동차로 대회에서 상을 타는 등 유명 학생으로서 손색없는 자격을 갖추어나갔다. 내가 자나 깨나 "공부 좀 해라", "영어 공부가 부족하니 더 해라" 등의 지시형 잔소리를 했다면 절대로 그런 성과를 거두지 못했을 것이다. 영어 공부도 제대로 따라가지 못해 중간에 포기하고 귀국했을 가능성이 매우 높다.

다행히 내가 아이들과 대화법을 바꾸고 아이들의 마음을 단번에 움직여주는 매직 워드 '쪽팔리다'를 찾아내 마치 "열려라 참깨!"를 외우면 거대한 돌문이 열리고 그 안에 가득 들어 있는 보석을 꺼낸 알리바바처럼 두 아들의 미래를 열게 해준 셈이다. 두 아들은 엄마가 대화법을 바꾸자 스스로 공부하는 태도를 갖게 되었고, 성적이 쑥 올라간 것은 물론 인기까지 얻었다. 마침내 두 아들은 원하는 대학에 들어갔고 대학 때도 우등을 놓치지 않았다. 대학에 다니던 중 가정 경제가 기울어 1년간 휴학했지만 비관하지 않고 잘 버텼다. 작은아들은 휴학 중에 쓴 『공부 기술』이라는 책이 베스트셀러가 되어 그 인세로 형과 자신의 밀린 학비까지 해결했다.

재학 중에 미국인 친구들을 다양하게 사귀어 인맥도 국제적으로 넓어졌다. 큰아들은 미국 중서부의 명문 대학인 미시간 대학교 건축과를 학부와 대학원 모두 수석으로 졸업했다. 한국인 학생들이 많이 다니는 대학이어서 졸업식 때 한국인 학부모들의 기립박수를 받았다. 작은아들은 뉴욕 대학교 경영학과를 졸업한 후 수많은 월스트리트 금융 회사의 러브콜을 받았으나 모두 뿌리치고 미술사를 공부하러 프랑스로 가겠다고 했다. 모든 친척들이 "부모가 고생해서 비싼 돈 들여 대학교까지 졸업시켰는데 무슨 소리냐? 미쳤냐?"며 반대했다. 내가 정말로 그 공부를 하고 싶으냐고 묻자, 아들은 월스트리트는 적성에 맞지 않는다며, 더 공부하고 싶다고 당당하게 말해, 그러라고 허락했다.

이 과정을 통해 나는 아이들은 부모가 질문하면 답을 찾기 위해 여러 가지 생각을 하게 된다는 것을 깨달았다. 생각 끝에 내린 결정이니 대부분 믿어줄 수 있었다. 내가 자기 말을 믿어주자 작은아들은 프랑스로 건너가 프랑스어 입학시험을 치르고 프랑스 최고 엘리트 학교인 그랑제콜 중 미술사 학교에 들어갔다. 뉴욕 대학교에 다니면서도 야간으로 줄리아드 음대에 다니며 작곡을 공부했다.

이 무렵 뉴욕에서 서브프라임 사건이 터져 기업가들에게 경영대나 MBA 출신에 대한 불신이 높아졌다. 경영대를 나와도 인문학적 식견이 있어야만 인재로 인정해주었다. 그러나 작은아들은 군대 문제 때문에 중간에 휴학을 해주지 않는 미술사 그랑제콜을 그만두어야 했다. 줄리아드도 야간으로 다녀 학점만 땄을 뿐 졸업은 하지 않았다. 그러나 미술, 음악, 경영학을 두루 공부한 인재가 드물어 잘나가는 글로벌 대기업 여러 곳에서 러브 콜을 받았다. 작은아들은 어릴 때부터 대륙과 대륙을 넘나들며 살아 한 직장에 붙박이로 지내는 것을 원치 않았다. 책을 쓰고 강연하고 방송에 출연하면서 자유롭게 여행할 수 있는 프리랜서 길을 택했다. 방랑벽이 있는 작은아들은 언제 하던 일을 모두 접고 훌쩍 떠나 낯선 곳에서 새로운 일을 시작할지 나도 모른다. 그러나 걱정하지 않는다. 알아서 옳은 길을 선택할 거라는 믿음이 있기 때문이다. 대화법을 지시어에서 질문어로 바꾸었더니 자식에 대한 신뢰까지 덤으로 따라왔다.

평가하지 않고
들어주기

"사람을 그런 식으로 그리면 어떡해? 전혀 사람 모습 같지 않잖아?"

"미술학원 선생님이 실제 모습과 달라도 괜찮으니 생각나는 대로 그려 오랬어."

"그래도 그렇지, 그건 사람하고 너무 안 닮았어. 뭐가 뭔지 엄마는 통 알 수가 없는데?"

"나는 사람으로 보이는데……."

아이가 볼멘소리로 대꾸하자 엄마는 약간 감정이 상해 "무슨 소리야? 너 그림에 별로 소질이 없는 것 같다. 미술 말고 악기 배울래?"라고 말한다.

그리기 좋아하는 자녀가 미술학원에서 내준 그리기 숙제를 하고 있을 때 엄마가 아이의 그림을 이런 식으로 평가하면 아이는 그림에 대한 흥미를 완전히 잃어버릴 수 있다. 엄마가 전문가도 아니면서 아이의 그림을 자기 눈높이로 평가하고 소질이 있다, 없다 판단하면 아이가 진짜 탁월한 화가 기질을 타고났다고 하더라도 그 싹을 틔우지 못할 수 있다. 아이가 하는 것마다 엄마 기준으로 평가해 이렇게 말하면 아이가 모든 분야에서 의욕을 잃어, 결국 엄마는 "우리 아이는 하고 싶은 것이 하나도 없대요"라고 하소연하게 된다. 아이의 가능성을 엄마가 평가하지 말고 격려해야 한다.

아이가 학교에서 억울하게 친구에게 맞고 귀가해 하소연한다면 "어떤 놈이야, 당장 내가 학교로 쫓아가서 야단칠 테다"라며 무조건 아이 편을 들어주는 것이 좋다. 그 한 번의 행동으로 아이가 억울하거나 속상한 일이 생기면 엄마와 편하게 의논하도록 만들 수 있다. 그러나 진짜 학교로 쫓아가 선생님과 반 아이들까지 이 사건을 다 알도록 해서 아이를 망신시키면 역효과를 낼 수 있다. 말로만 편들어주고 학교 문제는 가급적 스스로 해결하도록 놔두어야 한다. "들어보니 네가 잘못했네" 등의 도덕적인 평가도 아이에게 부담이나 섭섭함을 안겨줄 수 있다. 그렇게 되면 아이가 엄마에게 고민을 터놓고 말하기 어려워진다. '이런 말은 엄마가 듣기 싫어한다'라고 생각하면 오히려 숨기려 든다. 그러다가 문제를 더 키운다. 아이가 그림을 그리거나 흙장난을 하거나 악기를 만지는 등 놀이에 열중할 때는 절대로 방해하지 않는 것이 좋다. 아이가 엄마의 반응을 원하면 평가하지 말고 "사람 그려? 흙 놀이 해? 연주해? 멋지다. 우리 아들/딸 나중에 예술가 되겠네"라며 격려만 하는 것이 좋다. 엄마의 그런 언행이 아이의 창의성과 예술성을 깨뜨리지 않고 열정을 키우게 만들 수 있기 때문이다.

아이가 종종 집안일을 거들게 하고 싶을 때도 일을 평가하지 말고 무조건 칭찬과 격려를 해주는 것이 좋다. 아이가 모처럼 설거지를 했을 경우를 예로 들어보자.

"에계, 그것도 설거지라고 했어?"

"……."

"그렇게 할 바엔 안 하는 게 낫겠다. 이게 뭐야, 그릇에 고춧가루가 그냥 붙어 있잖아. 설거지를 깨끗이 잘 해야지."

엄마가 이렇게 평가하면 목소리가 아무리 부드러워도 듣는 아이는 상처를 입고 몹시 민망해한다.

"어? 왜 안 떨어졌지? 잘 씻었는데."

"그렇게 덜렁대니 공부도 못하고 설거지도 못하지."

엄마의 말에 아이는 더욱 마음이 불편해지고 화가 난다.

"알았어, 안 하면 되잖아."

아이는 급히 자기 방으로 향한다. 그러면 엄마는 딸의 불손한 태도가 못 마땅해 등 뒤에 대고 소리친다.

"엄마한테 그게 무슨 말버릇이야?"

딸은 대꾸 없이 급히 자기 방으로 들어가 문을 잠그고 혼자 중얼거린다.

"그럼 나더러 어쩌란 말이야?"

딸은 모처럼 엄마의 집안일을 거들려고 설거지를 해 칭찬받을 줄 알았는데 야단을 맞으니 화가 난다. 다시는 엄마 일을 돕고 싶지 않다.

자식에게 엄마의 말은 항상 무겁다. 엄마의 허튼소리도 깊은 상처를 남긴다. 자식의 운명을 좌우하기도 한다. 자식이 모처럼 청소, 설거지, 집안 정리 등을 했다면, 엄마에게 칭찬받고 싶어서일 것이다. 처리 결과보다 그런 마음을 따뜻하게 받아주어야 아이가 일한 보람을 느낄 수 있다. 결과가 마음에 들지 않더라도 잘잘못을 평가하지 말고 "우리 ○○가 엄마 도우려고 설거지/청소를 했구나. 정말 고마워. 엄마가 오늘은 ○○ 덕분에 아주 편해졌네" 등 고마움만 충분히 표현하는 것이 좋다. 그렇게 말해놓고 돌아서서 덜 닦인 그릇을 다시 닦거나 덜 치워진 것을 다시 청소하는 것도 삼가야 한다. 아이는 엄마의 언행에 민감해 그런 행동이 어떤 의미인지 잘 안다. 차라리 "첫날치고는 정말 잘했네. 몇 번만 더 해보면 엄마보다 잘하겠는걸" 등의 말로 격려해주고 몇 가지 고칠 점이 있다는 여운을 남겨놓으면 아이는 오히려 오해 없이 알아듣고 개선점을 찾으려 할 것이다. 요즘에는 어린 자녀가 가사 일 돕는 것보다 열심히 공부하는 것을 더 원하는 엄마들이 많은 것 같다.

중학교 입학을 앞둔 아이의 배치고사 준비에 엄마들이 더 열을 내는 모습을 종종 보았다. 엄마가 예상문제집을 잔뜩 사놓고는 아이가 풀지 않는다며 화를 내기도 한다. 아이는 모처럼 놀 시간을 얻어 문제풀이를 소홀히 하고 게임방 같은 데로 달아나는 모양이다. 그럴 때 엄마가 문제집 푼 것을 평가하지 않고 "지금 게임방 가려고? 문제집은 엄마 땜에 괜히 산 거 같지? 풀 시간도 없는데 신경만 쓰이지?"라고 아이 속마음을 대변하듯이 변죽만 울리면 아이는 엄마의 속마음을 읽고 "게임방 갔다가 일찍 와서 풀게요" 등 긍정적인 답변을 할 가능성이 높다. 엄마가 숙제 검사를 할 때도 글씨, 공부하는 자세 등까지 평가하지 말고 숙제 자체만 보고 일단 "숙제를 아주 잘했네. 글씨만 예쁘게 쓰면 더 좋겠어" 등의 말로 아이가 숙제 마친 것을 칭찬받았다는 느낌을 받게 해주면서 부족한 부분은 스스로 채울 여지를 남겨주어야 자발적으로 공부하는 아이로 성장할 수 있다.

원칙과 기준을 정해
엄격하게 지키기

"장난 그만 치라고 했지? 그만 까불고 가만히 좀 앉아 있으라니까."

"누가 그거 만지라고 했어? 제발 그만 내려놓고 가서 점잖게 앉아 있어."

"몸 좀 똑바로 해봐. 왜 그렇게 잠시도 안 쉬고 온몸을 뒤틀고 그래?"

"밥 먹으면서 TV 보지 말랬지? 밥 다 먹고 보든가, 아니면 그만 먹든가. 엄마 빨리 설거지해야 하는데, 너만 남았잖아. 빨리 먹어."

"가방 좀 제자리에 갖다놔. 왜 맨날 현관 앞에 벗어두니?"

"방학이라도 그렇지. 12시간이나 자고도 더 잘 거야? 제발 좀 그만 일어나라."

아이 키우는 엄마치고 이런 잔소리 한 번 정도 안 해본 사람은 없을 것이다. 아이들은 아직 엄마가 원하는 대로 행동할 만큼 성숙하지 못하니 당연하다. 그러나 같은 나이의 아이들 간에도 편차가 크다. 어떤 아이는 엄마가 말만 하면 곧바로 행동한다. 모든 아이들이 다 그렇게 해준다면 양육이 얼마나 쉽겠는가? 그러나 보통은 같은 일로 여러 번 야단쳐도 소용없어, 엄마들이 양육의 어려움을 하소연하는 것이다. 왜 그런 차이가 나타나는 걸까? 엄마의 말에 원칙이 있느냐 없느냐가 주요 원인일 것이다.

사람은 얼굴 생김새만큼 생각도 서로 다르다. 부모 자식 간도 마찬가지다. 그래서 원시시대부터 두 사람 이상 모여 살기 시작하면 서로에게 방해되지 않는 행동규칙을 만들어서 지켰다. 규칙은 일일이 요구받지 않아도 상대방의 생활을 방해하지 않는 최소한의 행동 제한을 전제로 만들어진다. 자녀가 있는 가정은 적어도 두 명 이상의 집단이다. 따라서 미리 정해두지 않고 주먹구구식으로 그때그때 부모의 기분에 따라 규칙을 만들면 아이들은 지켜야 할지 말지 몹시 헷갈린다. 부모도 기분에 따라 다른 것을 요구하게 된다. 자식 입장에서는 부모가 왜 화를 내는지 모르는 상황이 되기 쉽다. 그런 일이 반복되면 부모의 말을 가볍게 여겨 요구사항을 적당히 무시해도 되는 것으로 인지한다.

자식은 소집단인 가정에서 자라다가 유치원, 학교를 거쳐 사회로 나간다. 점차 큰 사회 집단에서 더 많은 타인과 서로 방해하지 않고 어울려 살아야 한다. 가정에서 남에게 방해되는 행동 제한에 익숙해지지 않으면 사회에 적응하기 어렵다. 적응을 잘하기 위해서라도 부모가 잔소리하지 않아도 아이가 알아서 지킬 수 있는 명확한 규칙을 만들어 아주 어릴 때부터 훈련시켜야 한다. 결혼과 동시에 규칙을 만들고 아이가 여섯 살 넘기 전에 확고히 인지시켜두면 자란 후에 굳이 이런저런 잔소리를 할 필요가 없다. 정해진 규칙 없이 그때그때 "장난 그만 쳐라", "조용히 해라", "방 치워라", "싸우지 마라" 등의 제재를 가하면 아이들은 모두 귀찮은 잔소리로만 받아들인다. 그래서 한 번은 받아들이지만 돌아서면 잊어버리고, 다시 엄마가 싫어하는 행동을 반복하는 것이다. 부모가 미리 아이의 활동량을 감안해 공공장소나 늦은 밤에 방에서 제멋대로 뛰지 않는 규칙을 정해두고 반드시 지키도록 훈련하면 굳이 매번 같은 말을 하며 싸울 필요가 없다. 아주 어린 아이들은 에너지가 넘쳐 잠시도 쉬지 않기 때문에 아이들이 몰두할 색칠하기, 퍼즐 맞추기 등의 놀이기구를 준비해두었다가 공공장소에 갈 때 챙겨가면 남에게 방해되지 않는 훈련을 하기가 쉬워진다.

TV 육아 프로그램인 〈우리 아이가 달라졌어요〉나 〈슈퍼맨이 돌아왔다〉 등에 육아 전문가들이 선호하는 '생각하는 의자'가 등장한다. 아이가 규칙을 어기면 이 의자에 한동안 앉혀두고 스스로 규칙의 중요성을 생각해보도록 하기 위해서다. 자녀가 아주 어릴 때부터 그런 의자를 준비해두고 하면 안 되는 행동 기준을 익히도록 하는 것이 최선이다. 만약 이미

시기를 놓쳤다면 지금이라도 온 가족이 함께 모여 집에서 반드시 지켜야할 규칙과 어길 경우의 벌칙을 의논해서 정하는 것이 좋다. 정한 뒤에는 규칙을 어길 경우 부모도 예외 없이 벌칙을 적용받겠다고 약속하고 반드시 실행한다. 확실한 규칙을 정해두지 않으면 그때그때 기분에 따라 같은 행동에 대해 어떤 날은 간섭하지 않고 어떤 날은 크게 화내며 야단치기 쉽다. 부모가 그런 식으로 일관성 없이 행동하면 자식은 부모의 말을 가볍게 여긴다. 그것은 어떤 부모는 낮은 목소리로 "그렇게 해도 괜찮겠어?"라는 단 한마디 말로 아이의 반성을 이끌어내는데, 어떤 부모는 "그게 무슨 짓이야? 왜 맨날 그 모양이니?" 등의 독설을 퍼붓지만 자식은 제 멋대로 행동하는 것을 멈추지 않는 이유다. 가정 안에서 지킬 규칙을 만들어두지 않았거나 규칙을 정했지만 부모가 잘 안 지키고 아이들에게만 지키라고 해 아이들이 부모의 말을 신뢰하지 않으면 대부분 그렇게 된다.

인류에게 밥보다 중요한 것이 있다면 바로 자유일 것이다. 역사상 거의 모든 전쟁, 혁명은 억압된 자유를 되찾기 위한 몸부림에서 시작되었다. 자식도 사람이다. 부모가 자유를 심하게 억압하면 저항한다. 가정에서의 규칙은 공동생활에 필요한 최소한의 자유를 제한하는 선에서 머물러야 한다. 만약 서로 생각이 다른 사람들이 모여 사는 사회나 국가가 매번 앉는 자세, 걷는 방법, 밥 먹는 태도까지 법으로 정해두고 자유를 제한한다면 큰 저항에 부딪혀 조직이 금세 무너질 것이다. 그래서 보통 큰 틀만 정하고 누군가가 어겨서 분쟁이 발행하면 재판으로 해결한다.

가정에서도 너무 시시콜콜 많은 규칙을 만들면 아이들의 반발을 사 유명무실해지기 쉽다. 행동규범을 억지로 지키도록 강요하기보다 여섯 살 이전에 몸에 배도록 훈련을 마치는 것이 가장 이상적인 이유도 여기에 있다. 배변 훈련이 너무 늦어지면 아이가 다 자란 후까지 대소변도 못 가려 추해지는 것처럼, 기본적인 행동규범도 훈련이 늦어지면 제멋대로 굴어 남들과 어울려 지내기 어려운 볼썽사나운 사람이 되기 쉽다. 그러나 이러한 육아의 기본기를 가르쳐주는 곳이 드물어 아이가 여섯 살 이전에 기본 행동규범을 익히지 못한 채 청소년 또는 성인으로 자라는 경우도 많다. 그러나 우리 아이는 이미 다 컸으니 걱정이라고 발을 동동 구를 필요는 없다. 조금 더 인내심을 기울이면 된다. 훈련하는 데 시간이 더 걸리긴 하겠지만 바로잡을 수는 있다.

만약 자녀가 초등학생 또는 중·고등학생이라면 그때그때 야단쳐서 바로잡으려 하지 말고, 아이에게 왜 그런 행동을 고쳐야 하는지 충분히 설명하고 한 가지씩 고치자고 약속한 뒤 천천히 실행하도록 부드럽게 훈육하면 된다. 가장 중요한 것은 자녀가 여섯 살을 넘겼다면 고칠 점을 자녀와 합의해서 정해야 한다는 것이다. 자녀들에게도 의결권을 주어야 의무감이 생긴다. 또한 부모도 예외 없이 지키기로 약속하고 솔선수범해야 효과를 거둘 수 있다.

04

꾸짖을 때는 간단히,
칭찬할 때는 충분히

"내가 뭐랬어? 공부 좀 하랬지? 매일 그렇게 놀고 점수가 잘 나오길 바란 건 아니겠지? 나는 네 점수가 형편없을 줄 벌써 알고 있었다. 그래 가지고 어디 대학에 갈 수 있겠니? 그냥 지금 학교 때려치우고 장사나 하지 그래? 정말 꼴좋다."

자식의 성적이 떨어졌을 경우 엄마들은 대체로 격앙된다. 성적이 떨어지면 그동안 공부 안 한 것에 대한 불만을 한데 모아 심한 독설을 쏟아붓기 쉽다. 그래봤자 반발심만 커질 뿐이다. 만약 시어머니가 걸핏하면 방문해 냉장고 청소가 엉망이라는 둥 살림살이에 대해 시시콜콜 잔소리를 길게 늘어놓는다면, "네, 어머님 잘못했습니다. 내일부터는 냉장고도 깨

곳이 치우고 집안일을 깔끔히 잘 처리하겠습니다"라며 다시는 시어머니에게 지적받지 않도록 열심히 해야겠다고 생각하는 사람은 거의 없을 것이다. 아이들도 마찬가지다. 엄마의 독설 섞인 장황한 꾸지람을 들으며 다음번엔 시험을 꼭 잘 보겠다고 각오하지는 않을 것이다. 스스로 '성적이 내려가서 부끄럽고 속상하다. 공부 좀 해서 만회해야지'라고 생각하던 아이마저, '엄마 좋으라고 공부 더할 필요는 없지'라는 반발심이 생길 수 있다. 그래서 엄마가 성적 떨어졌다고 심하게 야단쳐도 아이는 잠시 기죽어 지내다가 다시 예전 모습으로 돌아간다. 아이들도 시험 성적이 잘 안 나오면 불안하다. 자존심도 상한다. 그럴 때는 부모의 위로가 필요하다. 이미 마음이 불편한 아이에게 엄마마저 독설 섞인 긴 꾸지람을 퍼부으면 자기 잘못인 줄 알면서도 반발하게 된다. 엄마가 꾸중 대신 "시험 망쳐서 속상하겠구나. 괜찮아, 그럴 수도 있지. 다음에 잘 보면 돼"라고 위로의 말을 건네면 아이의 태도도 독설 섞인 꾸지람을 했을 때와 많이 달라질 것이다.

요즘에는 초등학교 고학년만 되면 스마트폰 사달라고 조르는 아이들이 많다고 한다. 엄마는 대체로 자식에게 스마트폰 사주는 문제에 신중하다. 보통 사주기 전에 여러 가지 다짐을 시킨다. 스마트폰 사주면 공부를 더 열심히 하겠다는 각서를 받기도 한다. 그렇게 하고도 일단 사주면 아이의 태도가 완전히 달라져 싸움이 시작되는 경우가 많다. 한 엄마는 초등학교 4학년 딸에게 '스마트폰만 들여다보지 않고 공부 열심히 하겠다'

는 각서를 받고 스마트폰을 사준다. 그러나 딸은 학교 갔다 집에 돌아오면 거실 소파에 벌렁 드러누워 스마트폰만 들여다본다. 너무 화나서 아이가 쓴 각서를 들이밀며 그렇게 스마트폰만 하면 압수한다고 으름장을 놓지만 소용없다. 어떤 엄마는 그럴 때 격분해서 스마트폰을 빼앗아 집어 던져 박살을 냈다고 고백하기도 한다. 그러나 곧 아이에게 너무 큰 상처를 준 것이 마음 아프고 다른 애들에게 왕따당할까봐 다시 사주게 된다고 한다. 엄마가 이처럼 화를 내고도 엄격한 상벌 기준 없이 스르르 넘어가면 아이의 태도는 변하지 않는다.

아이에게 각서를 받고 사주려면 각서에 실천 가능한 구체적인 내용을 쓰도록 한다. 막연히 스마트폰 들여다보지 않고 공부를 더 열심히 한다고 쓰면 무용지물이 된다. 각서에 하루 1시간 또는 2시간만 스마트폰을 사용한다. 학교에 다녀오면 숙제 먼저 한다. 숙제하며 스마트폰을 보고 싶으면 아예 스마트폰을 엄마에게 맡긴다. 하루 1시간씩 스마트폰을 하는 대신 엄마가 권하는 책을 하루에 1시간씩 읽는다. 이처럼 구체적인 실천사항과 어길 경우 벌칙도 구체적으로 적어야 효력이 있다. 예를 들면 30분 초과 시 스마트폰 1일 압수, 2시간 초과 시 3일 압수 등 과다 사용 정도에 따라 벌칙을 강화한다는 등의 내용이 필요하다. 만약 아이가 각서대로 행동하지 않으면 엄마가 솔선해서 각서에 적힌 내용을 적용해 분명히 실천해야 한다.

엄마의 꾸지람이 잘 먹히지 않는 이유는 크게 두 가지다. 첫째, 자기가 잘못한 것보다 꾸지람을 더 많이 받았다고 느끼기 때문이다. 이 경우 아이는 자기의 잘못보다 과한 꾸지람을 들었다며 오히려 억울해한다. 사람은 사소한 것까지 손익계산을 따지는 속성이 있다. 어린아이도 자기 잘못에 대해 어느 정도까지 꾸지람 들을 각오를 한다. 그러나 그것이 과하면 손해본 기분이 드는 것이다. 그렇게 되면 다음 날 같은 잘못을 저지르고도 미안해하지 않을 수 있다. 둘째, 상벌 기준이 명확하지 않고 벌칙도 엄격하게 적용하지 않기 때문이다. 아이가 약속을 어기고 스마트폰만 들여다보면 흥분해서 빼앗아 내던지기보다, "네가 약속한 대로 스마트폰을 정해진 시간에만 하지 않으니 압수하겠다"라고 간단히 말한 뒤, 약속대로 이행해야만 아이가 다시는 스마트폰을 압수당하지 않으려고 노력할 것이다.

어린아이들도 자라는 동안 저절로 하면 되는 행동과 해서는 안 되는 행동을 구분하는 능력이 길러진다. 그 때문에 부모님이 싫어하는 행동을 하면 스스로 죄책감을 느낀다. 그럴 때 부모가 너무 과하게 화내면 이미 받은 상처에 소금을 뿌린 것처럼 잔인하게 받아들인다. 크고 작은 실수에 대해 엄마가 오히려 쿨하게 "괜찮아, 누구나 실수할 수 있지. 다음에는 안 그럴 거잖아"라고 말해주면 위로가 되면서, 정말로 다음에는 그런 잘못을 저지르지 말아야겠다고 각오하게 된다. 또한 아이가 약속을 잘 지켰거나 엄마를 흐뭇하게 만드는 일을 하면 충분히 칭찬해주는 것이 좋다. '칭찬은 과하게 꾸중은 간단하고 부드럽게'라는 모토를 내걸면 자녀와의 대화 문제가 쉽게 해결된다. 물론 별로 칭찬할 일이 아닌데도 칭찬을 남발하면 아이의 버릇만 나빠지니 칭찬 기준도 미리 정해두는 것이 좋다.

05

자식의 성장 문화를
공부하기

"왜 하루 종일 컴퓨터만 들여다봐? 공부는 언제 할 거야?"

"지금 공부하는 중인데요."

"컴퓨터 들여다보면서 무슨 공부야?"

"TED 강의 듣는 게 숙제예요."

"그런 숙제가 다 있어? TED가 뭔데?"

"아이참, 답답해. 엄마는 TED 강의도 몰라요?"

"강의? 그럼 얼른 마치고 책 펴놓고 공부해."

아이가 조금만 자라면 대화가 이렇게 겉돈다. 엄마가 컴퓨터를 게임 용도로만 보면 더욱 그렇다. 종종 자식에게 무시당할 수도 있다. 무시당하기 싫으면 컴퓨터와 스마트폰 안에 어떤 것들이 들어 있는지 정도는 공부해두어야 한다. 지금은 각종 사전, 도서관, 강의실, 미술관, 음악당, 그리고 업무 스케줄 및 협의 내용 등이 모두 컴퓨터나 스마트폰 안에 담겨 있다. 아이들뿐만 아니라 비즈니스로 바쁜 어른들도 컴퓨터나 스마트폰으로 거의 모든 일을 처리한다. 지하철 타면 어른이나 아이 할 것 없이 스마트폰을 들여다보고 있는 것도 그 때문일 것이다.

컴퓨터나 스마트폰을 잘 활용하면 책 펴놓고 하는 공부보다 훨씬 충실하게 많이 할 수 있다. TED 강의는 빌 게이츠같이 첨단기술로 돈을 번 기업가들이 기금을 모아 세계적인 석학들이 발견한 새 이론을 직접 강의하도록 하는 동영상 사이트다. 인공 지능, 로봇 같은 첨단기술부터 미디어, 색채, 빛, 동식물 생태, 환경, 인지과학, 뇌과학 등 거의 모든 신학문 분야의 최근 이론을 발명한 세계적 석학들이 직접 강의에 나선다. 모든 강의는 18분씩으로 제한되어 있다. 영어 강의지만 자원봉사자들이 한국어 번역 자막도 제공한다. 컴퓨터를 유용하게 사용할 줄 아는 사람들이 즐겨 찾는 사이트 중 하나다. 엄마가 이런 사이트에 들어가 어떤 강의들이 있는지 알아두면 아이와 대화할 거리가 많아질 것이다. 자녀에게 컴퓨터 사용시간을 제한하려면 엄마가 컴퓨터의 기능과 역할을 어느 정도 공부해서 알고 있어야 대화가 먹힌다.

요즘 엄마들은 자녀가 대화하면서 문자 입력을 멈추지 않아 무시당한 느낌을 받는다고 호소한다. 대화하는 상대편이 한눈팔면 누구든 무시당한 기분이 들 것이다. 그러나 자녀 세대는 좀 다르다. 이 아이들은 아기 때부터 디지털 기기를 신체의 일부로 여기며 자랐다. 그렇다보니 기기를 작동하면서 동시에 다른 일도 처리할 능력을 갖게 되었다. 그래서 엄마가 자녀에게 대화 중에 한눈파는 것을 지적하면 "다 듣고 있어요"라고 말한다. 엄마가 자녀와 성장 환경 차이, 세대에 따라 달라지는 듣기, 말하기, 쓰기 방법과 능력 격차 등을 공부하지 않으면 자녀를 답답하게 만들기 쉽다. 자녀에게 부모와 어른들을 존중하고 타인을 배려하는 태도를 길러주더라도 통신, 첨단 기기 등 기술 발전에 따라 달라지는 신세대의 태도까지 통제하기는 어렵다. 통제하려고 하면 간섭이나 억압으로 여겨 오히려 대화를 기피할 수도 있다.

세상의 변화에 따른 또래 아이들의 집단적인 태도 변화를 부모가 수용해야 대화가 막히지 않는다. 아이들은 부모가 부모 시대를 기준으로 말하면 그 말이 옳다 그르다 따지기 전에 답답함부터 느낀다. 부모들도 자신의 부모 세대가 답답했던 적이 있을 것이다. 비디오방이나 카페에 드나드는 것, 미니스커트나 배꼽 티 입는 것, 로큰롤 들으며 롤러스케이트장 드나들 때 부모님이 말려서 얼마나 답답했었는지 생각해보면 자녀들의 마음을 이해할 수 있을 것이다.

"우리 애들이 제가 컴퓨터로 문서 좀 작성해달라고 부탁하면 엄청 무시해요. 다른 엄마들은 그 나이에도 컴퓨터 배워서 스스로 처리하는데 왜 엄마는 그런 것도 못하느냐는 거죠."

"제가 건망증이 심해져 물건 둔 곳을 자꾸 까먹어요. 애들한테 좀 찾아 달라고 부탁하면 '엄마 치매 걸렸어'라고 말해요. 농담인 줄 알지만 자주 그러니 '내가 정말 치매인가?' 하는 생각이 들 때도 많아요."

"제가 사람들 앞에서 아들에게 친절하게 굴면 벌레 보듯 뿌리쳐요. 제가 그렇게 무시당할 존재인가 싶어 눈물이 나요."

사춘기 자녀를 둔 연예인 엄마들이 자녀에게 섭섭했던 순간을 털어놓는 TV 토크쇼에서 했던 말들이다.

아이가 중·고등학생이 되자 "공부 안 하고 뭐 해?"를 외치던 부모가 역전당해 자녀에게 무시당하고 있음을 보여준 것 같아 씁쓸했다. 자식들에게는 쉬운 컴퓨터 서류 작성이나 게임, 앱 사용 등에서 부모가 너무 많이 뒤지면 이런 식으로 무시당하기 쉽다. 자식들이 그런 식으로 엄마에게 막말을 하는 이유는, 자기들 어릴 때 엄마가 공부하라면서 그런 식으로 말한 것을 고스란히 배워 되갚는다고 볼 수 있다. 자식들은 부모에게 언어 습관을 물려받는다. 아기 때부터 가랑비에 옷 젖듯 부모의 말에 영향을 받아 언어 사용 방식이 완성되는 것이다. 자식들은 부모가 언젠가 했던 말들을 사용하기 마련이다.

사춘기 아들이 공공장소에서 엄마에게 쌀쌀맞게 구는 것도 마찬가지다. 엄마가 아들이 어렸을 때부터 스킨십에 인색했을 경우 그런 반응이 나오기 쉽다. 아이들은 엄마가 평소에 안 하던 짓을 하면 낯설어서 어색

262

해한다. 더구나 사춘기 소년에게 엄마의 느닷없는 스킨십은 놀랍기도 할 것이다. 아마도 그 때문에 사춘기 아들은 남들 앞에서 손잡는 엄마가 어색해 뿌리쳤을 것이다.

자녀와 대화가 통하지 않거나 대화는 나누지만 종종 무시당하는 느낌이 든다면 엄마가 자식 또래의 심리부터 컴퓨터, 인터넷, 모바일 기기 다루기 등을 부지런히 공부해 격차를 좁혀야 한다. 요즘에는 인터넷 강의나 구청 등 공공기관에서 제공하는 강의가 많아 그야말로 공부할 의지만 있다면 엄마도 자녀 못지않게 많이 배울 수 있다. 전문가적 수준으로 공부할 필요는 없지만, 상식 수준은 갖춰야 자녀들과 대화를 나눌 수 있다는 점을 인정해야 한다.

사실 자녀들이 어릴 때는 무조건 높은 점수를 얻도록 "공부해!"를 외치는 엄마들이 많다. 그러나 자녀들이 자라면 공부 수준이 높아진다. 그때부터는 엄마가 자녀들의 수준보다 너무 처지지 않도록 공부해야만 무시당하지 않고 즐거운 대화를 할 수 있다. 상식이나 지적 수준의 격차가 대화에서 가장 큰 장애물이기 때문이다.

"아빠, 제가 매일 보는 TV 만화 프로그램 하는 시간이잖아요. 채널 좀 돌려주세요."

"지금 네 용돈이 달려 있는 중요한 방송 중인데?"

"에이, 아빠도! 대통령 선거 후보자 토론 보시면서……."

"누가 대통령에 당선되느냐에 따라 네 용돈 액수가 많이 달라져."

"무슨 말씀이세요?"

"세금을 적게 내서 아빠의 전체 수입이 늘면 네 용돈이 늘 거야. 그러나 반대라면 아빠는 네 용돈을 그만큼 줄여야 해. 아빠 수입으로 온 가족이 나눠 써야 하니까."

"그럼 새 대통령이 세금을 올리면 제 용돈이 깎인다는 거예요?"

"그렇지. 지금 토론 중인 부시 후보는 부자들에게 세금을 깎아준대, 클린턴 후보는 부자들에게 세금을 더 걷겠다고 하고."

"아빠는 의대 교수님이니 우리 집은 부자죠? 그럼 부시 후보 찍으시면 되지, 뭐가 그리 복잡해요? 부시가 대통령이 되면 제 용돈 깎일 일도 없겠네요."

이 아이는 아버지 말씀에 용돈이 걱정돼 매일 보는 만화 프로그램 생각도 잊었다. 용돈 액수가 좌우되는 대통령 후보 토론에 갑자기 관심이 쏠렸다. 아버지는 계속 아이에게 이야기를 이어갔다.

"그런데 부시 후보는 이라크 사람들이 숨겨둔 무기를 찾아내고 그들을 벌주어야 해서 이라크로 쳐들어갈 거래. 그러려면 비싼 무기도 사야 하고, 군인들을 더 많이 훈련시켜야 해. 군인들 식비도 엄청나게 많이 필요하겠지? 출동하려면 기름 값과 여러 운영비도 많이 들고. 그 모든 돈이 우리가 낸 세금에서 나가는 거야. 전쟁 한 번 하면 나랏돈이 엄청 많이 들지. 지금 당장은 부자들의 세금을 낮춰줄 수 있겠지만 대통령이 되자마자 세금을 올려야 할지도 몰라. 그러면 네 용돈이 더 줄어들 수도 있어."

"그러면 클린턴 찍으시면 되잖아요?"

"그렇게 간단하게 결정할 문제가 아니야"

작은아들이 미국에 간 지 1년도 안 됐을 때의 일이다. 유대인 친구 집에 놀러 갔다가 친구와 친구 아빠가 나누는 이런 대화를 들었단다. 작은아들은 아직 영어가 능숙하지 못한데도 친구가 아버지와 자신의 용돈과 관련지어 대통령 선거 이야기를 하는 것을 대강 알아들을 수 있었다. 작은아들은 만약 우리나라 아버지였다면 정치 프로그램 보고 계시는데 아들이 친구 데리고 와서 만화 프로그램 보게 해달라고 조르면 두 가지 반응이 나왔을 거라고 했다. 아들 친구 얼굴 봐서 "알았다" 하시며 싫지만 리모컨을 넘겨주시거나, "지금 아빠가 중요한 프로그램 보는 중이니 너희끼리 방에 가서 놀든지 공부하든지 해"라고 무뚝뚝하게 말씀하시고는 자기 좋은 프로그램을 계속 보실 거라는 거였다. 그러나 친구 아버지는 아들과 정치 같은 재미없는 분야 이야기도 이런 식으로 재미있게 나누면서 아들 친구도 함께 듣게 해 신기하더란다. 논쟁 중에 아들이 "그럼 이라크의 후세인 대통령이 나쁜 놈이니까 제 용돈이 조금 깎이더라도 부시가 대통령으로 뽑히는 게 낫겠네요"라고 말하자, 아버지는 "어떤 사람이 나쁜 놈이지?"라고 물어, 아들이 나쁜 놈에 대한 철학적 개념을 찾아가도록 해 더욱 놀랐단다.

이 친구 집에 다녀오던 날 작은아들은 흥분한 목소리로 "어쩐지 그 녀석이 맨날 놀면서도 시험만 보면 백 점을 맞더라고요. 아버지랑 매일 그런 식으로 대화를 나누어 학교에서 배울 걸 미리 알게 된 거더라고요. 그런데 우리 아버지는 아들하고 그런 대화를 나눠본 적이 없으시잖아요. 아버지는 우리에게 이래라저래라 시키기만 하셨어요"라며 아버지와 비교했다. 나는 얼른 "국력 차이겠지. 미국은 부자 나라잖니. 미국 아빠들은 시간과 돈의 여유가 있지만 우리나라 아빠들은 가족들 생활비 버느라 너무 바빠서서 그래"라며 아이의 마음을 달랬다. 그러나 속으로는 내가 더 놀랐다. 이런 가정교육 방식의 차이가 아이들의 지능 지수, 지식 정도, 공부 태도 등에서 커다란 격차를 만든다는 점을 깨달았던 것이다. 이렇게 교육받은 아이들과 우리 두 아들이 어떻게 경쟁할 수 있을까 싶어 걱정되었다. 이제 그런 애들과 경쟁해야 하는 국제화 시대를 맞았으니 자식을 잘 키우려면 가정교육 방법을 근본적으로 바꾸어야 한다는 생각이 들었다.

그러나 한편으로는 우리 형제들이 어린 나이에 엄마를 잃고도 공부로 성공한 이유가 생각났다. 아버지도 작은아들의 유대인 친구 아버지와 비교할 정도는 못 되지만 비슷한 방법으로 자녀들을 교육했다는 생각에서였다. 아버지가 장남에게 너무 가혹하게 해서 우리는 부정적으로만 인식하고 있었으나 장남 이외의 자식들에게는 '우리 아버지는 모르는 게 없는 분'이라는 이미지도 있었다. 당시 다른 집 아버지들에 비해 학교 공부를 많이 하셨기 때문만은 아니었을 것이다. 아버지는 손에서 책을 내려놓지 않았다. 각 분야의 책을 많이 읽으셨다. 문학, 철학, 시사, 음악, 미술, 음식에 이르기까지 자식들이 궁금해하는 것이면 무엇이든 명쾌하게 대답해주셨다. 다른 것은 엄격해도 학습과 관련된 질문에는 항상 친절하게 대답해주셨다. 가끔 복잡한 문제를 궁금해하면 함께 백과사전을 찾아보자고 하시고, 자식들과 아버지의 의견이 다르면 반박할 권리도 주셨다.

나는 아버지가 살아 계실 때는 장남에게 가혹했던 점만 기억했다. 그러나 세상에 단점만 있는 사람은 없다. 단점이 있으면 반드시 장점도 있다. 그러나 아버지의 단점이 워낙 분명해, 아버지가 돌아가신 뒤 비슷한 일에 부닥칠 때에야, "아, 맞아! 아버지는 이럴 때 이렇게 대응하셨지"라며 숨겨진 장점을 발견할 정도였다. 작은아들이 친구 집에 다녀와서 아버지와 아들이 나눈 대화 내용을 얘기한 순간, 나는 내가 뒷바라지를 잘해서가 아니라 이미 아버지가 뿌려둔 공부의 씨앗 덕분에 동생들이 이른 나이에 엄마를 잃고도 성공했음을 인정하지 않을 수 없었다.

많은 학부모가 "우리 애는 부모 말을 잘 안 들어요"라고 말한다. "대화가 안 통한다면서 부모가 말을 걸면 바쁘다는 핑계를 대고 자리를 피해버려요"라고 하소연하기도 한다. 왜 그럴까? 그 집 애가 유별나서 그럴까? 그렇지 않을 것이다. 대체로 부모가 자식이 듣고 싶은 말이 아닌 자기가 하고 싶은 말만 하기 때문일 것이다. 부모가 애들 세계를 잘 몰라 자녀들의 말귀를 알아듣지 못해서 그런 경우도 있을 것이다. 부모가 적어도 자식 또래들이 즐기는 컴퓨터와 모바일 게임, 영화, 음악, 인기 아이돌들의 근황, 유행어, 유명 앱과 사용법, 스마트 기기들의 특징 정도는 공부해야만 자녀들의 말귀를 알아들을 수 있는 세상이다. 그런 것들의 변화 속도가 빨라 부모가 부지런히 공부하지 않으면 바로 트렌드가 바뀌어 다시 말귀를 알아듣기 어렵게 된다. 사실 많은 부모가 자식에게는 공부하라고 성화를 대면서 부모 자신은 이런 정도의 공부도 안 한다. 그러면서 대화가 안 통한다고 자식을 야단친다.

자녀와 대화를 잘하려면 자녀가 부모의 말에 흥미를 갖도록 유도할 줄 알아야 한다. 그러려면 부모가 자녀의 취향과 놀이 문화, 취미, 중요시하는 것, 교우 관계, 또래 집단의 심리 등을 공부해야 한다. 부모가 그런 노력을 하지 않고 무조건 공부하라고만 외치면 자식은 '공부'를 '지긋지긋함' 또는 '지겨움'의 대명사로 인지한다. 부모가 대화를 많이 하려고 할수록 자식은 공부와 멀어지게 되는 것이다. 이 시기의 청소년들은 나중에 어른이 되면 보물섬을 통째로 준다고 해도 지겨움을 견딜 인내심이 없다. 그래서 공부를 지겨움으로 인식하면 절대로 공부하려고 들지 않는다. 어른도 말귀 어두운 사람과 대화하면 답답하듯이 애들도 마찬가지임을 알아야 한다.

자녀와 대화가 통하지 않는다고 생각되면 자식을 원망하지 말고, 부모가 직접 자식의 취미와 흥미 분야, 문화 등에 관한 최소한의 지식만 공부해도 문제가 한결 쉽게 해결될 것이다. 사실 자식이 즐겨 보는 영화를 챙겨 보는 것만으로도 대화의 물꼬가 어느 정도 트인다. 영화 줄거리뿐만 아니라 감독, 출연 배우의 특징, 배역 소화 정도, 비평가들의 평을 미리 찾아보면 자식과의 대화가 훨씬 풍성해질 것이다. 자식이 좋아하는 컴퓨터/모바일 게임 이름, 게임 성격, 게임의 장단점, 게임 이용자들의 분포도, 세계적인 인기도, 인기 이유까지 알아둔다면 더욱 좋다.

요즘 엄마들은 살림하고 애들 학원 알아보고 챙겨 보내기도 바쁘다고 하소연한다. 맞벌이 엄마의 경우 직장 일에, 시댁 대소사 챙기기, 매일매일 가족들의 식사와 빨래, 청소까지, 해야 할 일이 너무나 많다. 그러나 자식에게 좋은 학원 찾아내 억지로 보내는 것보다 자식과 잘 통하는 대화 소재를 공부해두는 것이 자식을 더 훌륭하게 키우는 방법일 것이다. 자식의 공부, 인성, 미래의 성공을 다 잡고 싶으면 우선 자식과 공감대를 이룰 대화 소재를 찾는 공부부터 해야 한다. 물론 자식 세대가 좋아하는 영화, 만화, 드라마 줄거리를 미리 공부했다가 스포일러가 되면 역효과를 가져오니 조심해야겠지만 말이다. 공부해두었다가 자식에게 아는 척하지 말고 자식이 그 영화를 보고 온 뒤 대화 주제로 삼아 자식이 더 많이 이야기하도록 유도하면서 똑똑한 질문을 하는 데만 사용하면 된다. 자식도 부모가 자기 좋아하는 영화에 관심을 보이면 대화에 흥미를 느낄 것이다.

사실 자식이 흥미를 갖는 모든 것을 대화 소재로 삼을 만큼 공부를 해둘 수 있는 엄마는 없다. 그렇게 많이 공부해서 너무 아는 척하는 것도 자녀와의 대화에 도움이 되지 않는다. 잘 찾아보면 엄마도 흥미롭고 자녀도 좋아하는 분야를 발견할 수 있을 것이다. 그것만 적당히 공부하고 부모의 주장을 강하게 밀어붙이지 않으면 자식과 공감할 수 있는 대화를 나누는 것이 어렵지 않다.

나는 살림을 잘하지도 못하고 잘 놀지도 못했다. 두 아들을 낳은 후로도 자식들이 좋아할 만한 일을 거의 할 줄 몰랐다. 이것저것 찾다가 두 아들이 좋아하고 나도 잘할 수 있는 것을 발견했다. 바로 하루 일과를 요약해서 이야기해주는 것이었다. 처음에는 일방적으로 내가 좋아하는 면만 이야기했다. 그러나 흥미롭게 듣던 두 아들이 조금 자라자 내 이야기에 싫증을 냈다. 자기들의 생활이 따로 생기면서 엄마의 일방적인 이야기가 재미없어졌던 것이다. 두 아들의 관심과 흥미를 제대로 파악해야 아이들이 솔깃할 만한 이야기를 해줄 것 같아 낮에 두 아들과 대부분의 시간을 보내는 가사 도우미에게 관찰해서 알려달라고 부탁했다.

큰아들은 레고 쌓기, 작은아들은 책 읽기를 좋아한다고 했다. 나는 이후부터 대화 소재를 아이들이 좋아하는 분야에 맞춰 공부했다. 큰아들을 위해서는 레고의 유래와 얽힌 이야기들, 원리 등을 찾아냈다. 덧붙여 기이한 건축물과 레고의 관계까지 다양한 관련 정보를 수집해 이야기 소재로 만들어두었다. 작은아들을 위해서는 책의 유래와 종류, 유명 작가의 전기와 세계적인 도서관 등에 관한 이야깃거리들을 모아두었다. 자기들이 좋아하는 분야의 이야기들을 들려주자 두 아들은 다시 내 이야기에 흥미를 보였다. 아이들이 좋아하니 나도 관련 자료 찾는 공부가 즐거웠다. 두 아들과 이러한 대화가 지루해지지 않도록 함께 유명 건축가의 건물과 도서관 등을 구경 다니기도 했다. 한 번 다녀오면 다음에 다른 곳에 갈 때까지 할 이야기가 넘쳤다. 작은아들을 위해서는 청계천 헌책방부터 세계적인 도서관까지 순례했다. 그래서 나는 가끔 두 아들에게 네가 괜히 건축가가 된 게 아니다, 네가 어린 나이에 그렇게 많은 책을 괜히 쓸 수 있었던 게 아니다, 엄마가 너희 좋아하는 분야를 미리 공부해서 흥미를 높여주었기 때문이라며 생색을 내곤 한다. 그러면 두 아들도 굳이 부인하지 않는다.

아직 자녀가 어리다면 이런 식으로 자녀의 흥미를 높여주는 대화를 준비하는 것도 좋을 것이다. 부모는 당연히 자녀들의 말귀를 잘 알아들을 거라고 생각하는 것은 착각이다. 특히 우리나라는 사회 변화가 유난히 빠르다. 자식과 부모의 성장 환경이 너무 달라 세대 간 격차가 심하다. 부모가 부지런히 공부해야 자식 세대의 놀이, 문화, 취향 등을 이해할 수 있다. 자녀 또래가 좋아하는 컴퓨터 게임이나 부모 눈에는 다소 황당해 보이는 판타지 영화 등을 이해할 줄 알아야만 자식들과 막힘없이 대화를 할 수 있다.

세상은 너무나 빠르게 변화하고 있다. 사람들의 두뇌도 마찬가지다. 조금만 한눈팔면 달라진 사회 트렌드를 따라잡지 못해 뒤처진다. 트렌드 변화 방향만 제대로 파악하려 해도 공부할 것이 많다. 자식과 대화를 잘하고 싶은데 할 말이 없다고 생각되거나, "우리 부모님은 대화하자며 앉혀놓고 혼자만 얘기하세요"라는 불평을 들었다면, 자식과의 대화에 필요한 공부가 부족함을 인정해야 한다.

언행일치로
말의 무게감 유지하기

"미드를 볼 때는 미국 애들이 자유로워서 참 좋겠다고 했잖아."

"드라마니까 그랬던 거지. 친구 집에 가서 노는 건 괜찮지만, 자면서까지 노는 건 안 돼. 12시까지만 놀고 돌아와."

"다 함께 자면서 놀기로 했어."

"그러니까 12시까지 놀고 집에 오란 말이야. 다른 애들도 그 시간이면 다 잘 것 아냐? 잠까지 같이 잘 필요는 없잖아."

"엄마가 저번에 미국 고등학생들 나오는 미드 보면서 쟤들은 저렇게 자유롭게 사니까 창의성도 좋은 것 같다고 말했잖아. 다른 엄마들도 그렇대. 우리를 초대한 애 엄마도 그렇게 말해서, 미국 애들처럼 함께 자면서

하는 파자마 파티를 하기로 한 거란 말이야."

"너는 너무 어려서 안 돼. 영화에 나온 애들은 고등학생이었잖아. 고등학생인데도 부모 안 계시는 집에 모여 자는 파티를 하니까 술 마시고 사고 쳐서 온 동네가 시끄러웠잖아. 너는 절대 그런 짓 안 할 거라고 믿지만 네 친구들은 믿을 수 없어. 12까지만 놀고 올 거면 가고, 그렇지 않으면 가지 마."

한 엄마가 중학교 2학년 아들이 친구 집에서 열리는 파자마 파티에 참석한다는 걸 말렸다가 부작용이 일어난 이야기를 했다. 그날 이후 아들이 슬슬 피하고, 말을 걸면 단답형으로만 대답하고 자기 방으로 들어가 버린단다. 그녀는 지금도 분한지 격앙된 목소리로 물었다.

"제가 아들한테 그렇게 잘못한 거예요?"

원인을 찾기 위해 그 엄마와 이야기를 길게 나눠보았다. 그녀는 상당히 쿨했다. 그런데 하나뿐인 아들에게는 답답할 정도로 보수적이었다. 아들은 엄마가 남들에게는 쿨하고 자기에게는 보수적인 이중 잣대에 마음이 많이 상해 있었는데, 파자마 파티 참석까지 거절당하자 그동안 쌓였던 불만이 터진 모양이었다.

아이들은 경험이 적고 순진하다. 따라서 어른들이 가르쳐준 규범을 절대적으로 따라야 하는 것으로 믿는다. 그러니 엄마도 한 번 말한 것은 반드시 지켜야 엄마 자격이 있다고 생각한다. 모든 것을 부모에게 의존해야 하는 어린 나이에는 엄마의 이중적 언행을 알고도 시비를 걸지 못한다. 그러나 모두 머릿속에 깊이 입력해둔다. 이중 언행이 반복적으로 입력되면 자라면서 부모가 보여준 이중 언행을 나중에 되갚는다. 복수를 작정하는 것은 아니지만 부모가 자식의 사고방식 메커니즘에 깊은 영향을 미쳐 그런 식으로 복수하게 되는 것이다.

어린 자녀에게 어른을 공경하는 착한 사람이 되어야 한다고 가르쳐온 엄마가 자식 앞에서 자주 시어머니 흉을 보면 자식은 엄마의 이중성을 머릿속에 깊이 입력한다. 엄마가 자식에게는 "친구들하고 사이좋게 지내야지"라고 강조하면서, 전화 통화나 길거리에서 다른 엄마와 누군가 흉을 보면 아이는 엄마의 이중 언행을 쉽게 포착하고 기억 속에 저장한다. 형제끼리 싸우면 "그만 싸우고 사이좋게 지내. 형제간에 왜 맨날 싸워?"라고 야단치는 엄마가 걸핏하면 아빠와 막말하며 싸우면, 아이는 엄마의 이중 언행을 머릿속에 각인시킨다. 욕을 많이 하면 "고운 말을 써야지, 말버릇이 그게 뭐야"라며 야단치는 엄마가 누군가와 흥분해서 욕을 섞어 말하면 엄마가 우습게 보이면서도 욕을 배운다. 등교할 때마다 "선생님 말씀 잘 들어야지"라고 강조하던 엄마가 친구 엄마와 선생님 험담을 늘어놓으면 자식은 엄마가 한심해 보인다. 이런 일들이 켜켜이 쌓이면 엄마의 말이 신뢰감을 잃고 점차 힘이 빠진다.

그러나 엄마도 사람이다. 살면서 이런 이중 언행을 자식에게 전혀 노출시키지 않고 살기는 어렵다. 아이들의 매 같은 눈에는 작은 실수도 모두 포착된다. 따라서 자기도 모르게 이중 언행을 보였을 경우에는 그때그때 적절히 무마해 입력 내용이 순화되도록 해야 한다. 그러면 어떻게 하는 것이 좋을까? 첫째, 엄마 스스로 이중적인 언행이었음을 인정하고 자식에게 사과한다. 둘째, 자녀의 요구를 너무 엄격하게 제한하기보다 유연하게 대한다. 예를 들어 중학생쯤 된 아들이 친구 집 파자마 파티에 참석하도록 허락해달라고 하면 딱 잘라 거절하지 말고 친구들의 면면을 알아보고 친구 엄마와 전화 통화를 해본다. 문제아만 섞여 있지 않다면 친구끼리 모여서 자는 것이 오히려 좋은 경험이 될 수도 있다는 여유로운 마음을 갖는다. 엄마가 너무 엄격한 잣대로 통제하면 자식은 엄마의 이중 언행을 더욱 낱낱이 기억하게 된다. 이런 일이 반복적으로 입력되면 엄마의 권위를 인정하지 않고 엄마의 말을 가볍게 여겨 대화가 잘될 수 없다.

모든 사회규범은 시대에 따라 변한다. 여자는 절대로 발목도 보이면 안 된다며 내보이면 처벌하던 때가 겨우 100년 전이다. 남자들에게는 오랫동안 많은 자유가 보장되었지만 신사라면 남들 보는 데서 울면 안 된다는 등의 규제가 많았다. 100년 전에는 그 모든 규제가 무척 엄격했다. 우리나라에서는 불과 몇십 년 전까지도 엄격히 지켰다. 그러나 지금은 그런 것을 지키라고 우기면 시대에 뒤떨어졌다며 비웃을 것이다. 엄마의 지나친 규제를 융통성 있게 바꾸면 엄마의 이중 언행도 쉽게 이해받을 수 있다. 자녀 세대의 새로운 규범을 받아들이면 세대 차가 심한 자녀와 훨씬 편하게 대화할 수 있을 것이다.

07

두루뭉술한 화법을
콕 집는 명확한 화법으로 바꾸기

"공부 좀 해."

"알았어."

"게으름 그만 피우고 책 좀 읽어."

"알았다니까."

"방이 이게 뭐야? 좀 치워."

"……."

엄마와 자식 간에 이런 말들이 자주 오간다. 엄마는 자식이 부지런히 자기 할 일을 하도록 열심히 이것저것 지시한다. 자식은 일단 알았다고 대답한다. 그러면 잠시라도 엄마의 간섭에서 벗어나기 때문이다. 그러나 즉각 행동으로 옮기는 아이는 드물다. 엄마는 자기 지시를 실행하지 않는 자식이 괘씸해 점차 목소리를 높인다.

"엄마 말이 말 같지 않아?"

이런 식으로 자식과 신경전을 벌이면 엄마가 먼저 지쳐 스스로 포기한다. 아이는 여전히 공부하지 않고 빈둥거린다. 방은 지저분한 채 그대로다. 엄마는 한숨을 쉬며 "무자식 상팔자라더니"라고 중얼거린다. 그러고는 대신 치워준다. 그런 일이 반복된다.

누구 탓일까? 대개 엄마들은 자식 탓이라고 말한다. 그러나 원인 없는 결과는 없다. 아이는 하나부터 열까지 부모에게 듣고 보면서 배운다. 태도, 말씨, 습관 등 부모의 모습을 거의 다 그대로 배운다. 아이가 엄마 말을 잘 듣게 하려면 지시 방법부터 바꾸어야 한다. 지시가 두루뭉술하면 알아듣기 어렵다. 실행하기는 더욱 힘들다. '공부하라'는 지시어를 듣는 순간, 자식은 무슨 공부를 어떻게 얼마만큼 해야 할지 막막하다. 더구나 엄마가 대부분의 일을 결정해주며 자라 이런 결정을 혼자 내리기가 쉽지 않다. 오죽하면 젊은 층 사이에서 '결정장애'라는 말이 유행하겠는가? 자식은 엄마가 막연히 "공부 좀 해라"라고 말하면 "알았어, 할게"라고 일단 대답하는 경우가 대부분이다. 그러나 막상 공부하려고 하면 무슨 공부를 해야 할지 막연해진다.

공부하는 데 익숙하지 않은 애들은 엄마의 감시에서 벗어나려고 책만 펴놓고 대강 시간을 때우려 든다. 엄마가 방문을 슬쩍슬쩍 열어보고 공부하는지 체크하는 눈치가 보이면 적당히 아무 책이나 펴놓고 공부하는 척한다. 엄마는 아이가 책 펴놓고 있으면 무조건 공부하는 거라고 믿는다. 그러나 아이는 그 순간만 모면하면 된다고 생각한다. 요즘에는 아이들의 놀거리가 대부분 책상 앞에 있다. 컴퓨터 게임이나 스마트 폰은 공부하는 자세로 즐길 수도 있다.

아이의 거의 모든 스케줄과 옷차림까지 챙겨주는 엄마가 공부하라는 말이 왜 애매한지 모른다면 문제다. 이런 아이는 무슨 공부를 어떻게 왜 지금 해야 하는지 분명히 짚어주어야 그나마 공부를 시작할 수 있을 것이다.

"너 한 시간만 놀고 공부한댔지? 그런데 왜 안 해?"

"아직 한 시간 안 됐잖아."

"그럴 리가 있니? 한 시간이 그렇게 길단 말이야?"

"아직 20분 남았잖아."

"그래? 그럼 20분 있다가 공부 시작해."

이 정도 되면 엄마의 체면이 말이 아니다. 약속해놓고 시간 체크를 정확히 하지 않으면 아이에게 신용을 잃을 수도 있다. 그런 일이 되풀이되면 엄마의 말발이 약화된다.

자녀와 시간 약속을 정하고 지켰는지 확인할 때도 정확히 시간을 체크해, 자녀에게 확고한 인식을 심어줄 필요가 있다. 음식을 조리할 때 요리 전문가가 아닌 이상 좋은 레시피를 골라 계량컵과 스푼, 저울 등으로 정확히 용량을 재서 요리해야 제맛이 나듯이, 자녀 교육도 마찬가지다. 부모가 모두 양육 전문가일 수는 없지만, 누구나 자식을 잘 키우고 싶어 한다. 그러려면 적어도 두루뭉술한 화법을 콕 집어서 아이가 바로 실천에 옮길 수 있는 방식으로 바꿀 필요가 있다. 그렇게 해야 엄마의 말에 힘이 실리고, 아이가 엄마의 말을 잘 듣게 된다.

08

진로를 찾는 데
도움이 되는 대화법

"우리 애가 하고 싶은 게 하나도 없다고 해서 정말 걱정이에요. 저는 다른 엄마들처럼 애한테 공부만 강요하고 싶진 않아요. 스포츠나 악기나 그림, 뭐든지 특기 하나만 확실하면 된다고 생각해요. 그렇게 하고 싶다는 것이 있으면 열심히 밀어줄 텐데, 그런 게 없어서 걱정이에요."

요즘엔 이런 엄마들의 하소연이 자주 들린다. 더 이상 공부가 자녀의 미래를 보장해주지 않는다는 것을 깨달았다는 점에서 환영할 만하다. 그러나 자녀가 뭔가를 좋아하게 만드는 것은 부모의 언행에 달렸음을 아직도 모르는 것 같아 안타깝다. 자녀에게 공부를 강요하지 않는다는 엄마도 자녀가 좋아하는 일을 말하면 바로 입시와 연계시켜 호된 훈련을 시키려 한다. 아이들은 눈치가 빠르다. 엄마의 그런 의도를 알기에 좋아하는 일도 전문적으로 할 수 있을지 불투명하면 엄마에게 말하기를 꺼린다.

사람은 누구나 한 가지 이상에 남다른 재능을 가지고 태어난다. 그런데 그 재능은 대체로 숨겨져 있다. 조기에 발견해서 발달시키면 그 분야 전문가로 성장할 수 있다. 그러나 아이가 좋아하는 분야를 발견하더라도 그 분야 전문가가 될 만큼 지속적으로 좋아할지는 스스로도 아직 잘 모른다. 그런 것까지 파악하려면 아이가 자유롭게 놀 시간을 많이 주어야 한다. 유치원 때부터 여러 특기 학원을 전전하게 하면 아이가 진짜로 좋아하는 것을 발견하기 어렵다. 아이들은 적응력이 빨라 학원에서 가르쳐주는 것에 단기적 재미를 느껴 자기가 좋아하는 것을 찾으려 하지 않는다. 진짜로 좋아하는 것이 아니면 진로로 이어져도 금세 싫증을 낸다. 아이가 자기 좋은 놀이를 선택해서 실컷 놀도록 놔둬야 싫증내지 않고 지속적으로 좋아하는 요소를 발견할 수 있다.

유아기부터 엄마가 인내심을 가지고 아이의 노는 모습을 관찰하면 초등학교 입학 무렵 자식이 진짜로 좋아하는 것을 발견할 수 있다. 그러나 엄마가 놀이 방법을 선택해주고 같이 놀자고 하면 불가능하다. 엄마가 "엄마랑 자동차 놀이/인형 놀이 하고 놀자"라고 말하면 엄마 스스로는 아기와 잘 놀아주는 좋은 엄마라고 여기겠지만, 아이의 진로 발견에는 오히려 방해가 된다. 자녀 스스로 좋아하는 놀이를 발견할 기회를 빼앗기 때문이다. 엄마가 반복적으로 놀이를 선택해 "엄마랑 같이 놀자"고 하면 유아기의 아이에게 '놀이는 내가 알아서 결정하는 것이 아니라 엄마가 정해주는 방법으로 놀아야 된다'는 사고가 형성된다. "아기가 제 맘대로 놀다가 손 베고 무릎 깨지고 다치면 어떻게 해요?"라고 반문하고 싶은 엄마들이 많을 것이다. 그러나 아이가 약간 다치는 정도는 감수해야 한다. 어린 아기도 한 번 다치면 위험요소를 스스로 피하는 지혜가 생긴다. 엄마가 자녀의 나이에 따라 사전에 위험요소만 제거해주고 알아서 놀라고 하면 대체로 안전하다. 물론 겉으로 안전해 보이는 장난감도 노는 방법이 터프하면 다칠 수 있다. 그렇지만 아이가 혼자 놀도록 하고, 얼굴에 흉이 질 만큼 큰 상처나 팔다리가 부러질 정도로 위험한 상황이 아니라면 중간에 끼어들지 않는 것이 현명하다.

우리 큰아들은 여러 놀이 중에서 레고 블록 쌓기를 유난히 좋아했다. 그 사실을 발견한 후 슬그머니 난이도 높은 블록을 구해 방에 들여놓았더니 아이는 알아서 블록 쌓기 수준을 점차 높였다. 나는 아이가 블록을 기발하게 조립하면 "너는 정말 블록 쌓기를 잘하니 다음에 건축가가 되면 좋겠다. 건축가는 블록이 아니라 진짜 돌과 나무, 철 같은 걸로 집을 짓는단다"라고 말해주었다. 그 결과 큰아들은 초등학생 때부터 진로를 건축가로 정했다. 지속적으로 건축 잡지를 읽고 건축 자료를 찾아보며 성장했다. 대학도 건축과에 진학했고, 졸업한 뒤에는 뉴욕에서 건축가로 일하고 있다. 이렇게 찾은 진로인 만큼 직업에 대한 자부심이 대단하다.

유아기 때부터 마음껏 놀게 하면 어렵지 않게 진로를 찾을 수 있다. 열심히 놀고 있는 아이에게 "놀기만 할 거냐? 책 좀 읽지" 등의 말로 방해하면 소용없다. 아이가 놀이에 푹 빠지도록 그냥 두어야 진짜 좋아하는 것을 찾아낼 수 있다. 부모가 노골적으로 개입하면 절대 안 된다. 자식이 눈치채지 않도록 은근히 조금씩 수준을 높여주면 자연스럽게 실력이 업그레이드된다. 그러면서 간간이 관련 직업의 세계를 재미있는 이야기로 들려주면 아이는 스스로 진로 방향을 찾게 된다. 물론 무조건 놀리라는 말이 아니다. 미리 협의해서 놀이 시간을 정하고 본인이 놀이 방법을 선택하면 방해하지 말라는 것이다. 놀이 시간을 너무 짧게 정하면 아이가 좋아하는 놀이에 깊이 몰입할 수 없어 진로를 찾기가 어려울 수 있다. 놀이 시간은 적어도 한 시간 이상이 좋다.

요즘 청년들의 취업난이 큰 사회 문제다. 여러 가지 복합적인 사회적 원인이 있겠지만 부모도 큰 부분을 차지한다. 세상은 나날이 다양해지는데 너무 많은 부모가 성적 위주의 비슷한 방식으로만 공부시킨 탓이기도 하다. 의사, 변호사, 학자 등 전문직이 좋은 직업으로 떠오르면 아이의 적성에 관계없이 그 길로 보내려는 부모들이 많아져 그 분야의 경쟁이 치열해질 수밖에 없다. 경쟁을 뚫으면 다행이지만 그렇지 못할 경우 자식의 청춘을 부모가 망칠 수 있다. 게다가 좋은 직업의 기준은 계속 변한다. 좋다는 직업에 너무 많은 사람이 몰리면 언젠가 너무 흔해져 사양길로 접어든다. 시대에 따라 달라지는 생활상에도 맞지 않아 새로운 직업군에 밀린다. 그러나 이런 변화에도 아이가 정말로 좋아하는 일을 발견하고 진로로 삼으면 경쟁력이 높아져 취업 걱정을 줄일 수 있다.

요즘은 공부 잘하는 사람들이 너무 많다. 그래서 공부로 성공한 학자, 변호사, 의사보다 공부는 덜했지만 조기에 재능을 개발해서 발전시킨 대중 예술인이나 각 직군의 사업가들이 더 잘나간다. 직업의 다양성이 커지면서 점차 더욱 특이한 특기자들이 완벽한 스펙을 쌓은 청년들보다 더 나은 일자리를 더 쉽게 얻는 추세다. 앞으로는 이런 경향이 더욱 심화될 것이다. 자녀가 조금 더 자라 취업난에 허덕이지 않게 하려면 유아기부터 부모의 기준으로 놀이와 공부 방법을 정해주지 말아야 한다. 아기가 알아서 놀이 방법을 골라 놀도록 하고 관찰만 하면 자녀의 진로를 조기에 발견해 경쟁력을 키워줄 수 있다. 많이 자란 자녀의 경우에도 진로는 부모가 개입하기보다 스스로 정하도록 자유를 주는 것이 낫다. 보기에 답답해도 그냥 놔두면, 알아서 자기가 가장 잘할 수 있는 일을 찾아낼 것이다. 부모가 은근히 유도하거나 아이의 결정을 반대하지 말아야 자기에게 맞는 길을 선택해 행복하게 살 수 있다.

09

인성교육을 위해
존댓말 사용하기

"또 게임방 가려고? 방학 때 푼다고 사둔 문제집은 언제 풀래?"

"알아서 할게."

"알아서 언제 할 거냐고 글쎄?"

"제발 나 좀 내버려둬."

"그렇게 게임방만 드나들 거면 아예 집에 들어오지 말든가."

"알았어. 엄마가 그렇게 원하면 집에 안 들어올게."

아들이 휙 바람 가르는 소리를 내며 밖으로 나간다.

사춘기 아들을 둔 이 엄마는 아들이 너무 자주 게임방에 출입해 매일 전쟁이란다. 집에서 하는 게임이나 모바일 게임 때문에 비슷한 전쟁을 치르는 가정도 많다. 그러나 정말 말리고 싶다면 이런 식으로 말하면 안 된다. 아이의 신경만 자극할 뿐이다. 아이는 예민해서 신경을 자극받으면 뒷감당할 생각은 하지 않고 일단 엄마에게 덤빈다. 엄마도 화가 나 막말을 퍼붓게 된다. 막말을 주고받다보면 점차 수위가 높아져 마지막에는 하면 안 될 말까지 하고 만다. 나가서 돌아오지 말라는 등의 말이 바로 그런 것이다. 엄마는 화가 나서 그냥 한 말이지만, 자식은 엄마가 진짜 자기가 집에 들어오길 바라지 않는다고 생각해 귀가를 망설일 수 있다. 엄마도 아들이 집에 들어올 때까지 불안감에 휩싸인다. 그러나 다음 날이면 모두 잊고 또다시 반복한다.

말 습관은 그만큼 고치기 어렵다. 그래서 '그런 말까지 할 필요는 없었는데'라며 후회하고도 같은 상황이 펼쳐지면 전과 같은 말을 반복하는 것이다. 말은 사고방식과 깊이 연동되어 있기 때문이다. 말은 이미 굳어진 사고방식에 따라 저절로 나온다. 그러나 말은 사고방식을 서서히 조정하고 수정하기도 한다. 거친 표현을 순화하면 성격도 천천히 순화될 수 있다. 그러나 가족끼리 노상 막말이 오가면 모두 공격적으로 변해 화목한 가정을 유지하기가 불가능하다. 머리로는 하지 말아야 한다는 것을 알지만 나도 모르게 공격적인 말이 나가고 곧 몸이 따라가는 일이 반복되기 때문이다. 말이 거칠어지면 말 따라 감정이 고조돼 조절하기 어렵다. 사소한 일에도 화내고 가급적이면 상대방에게 더 큰 상처가 되는 말을 골라서 하게 된다. 결국 주변에 사람이 모이지 않고, 그런 식으로 자라면 사회생활에도 지장이 생길 수 있다.

　요즘 유난히 폭력과 갈등 문제가 많이 보도된다. 막말을 통제하는 기능이 약해졌기 때문이다. 예전에는 부모나 이웃 어른들도 동네 아이들이 막말을 하면 언제 어디서나 나무라고 훈육했다. 그러나 개인주의 성향이 강해지면서 부모도 아이에게 성적 향상만 요구하고, 이웃은 남의 아이를 훈육하다가 고발당할 수 있어 간섭하기를 꺼린다. 그러므로 부모가 바른 말을 사용해 자식의 인성을 바르게 이끌어주는 수밖에 없다. 인성은 말 그대로 타인과 더불어 사는 데 필요한 인간다운 덕목이다. 그래서 타인에게 유쾌하고 따뜻한 기분을 느끼게 해주는 사람은 인성이 좋고, 반면에 불쾌감을 주고 공격적인 사람은 인성이 나쁘다고 말한다. 이 차이는 대부분 말씨에서 나온다. 막말을 서슴지 않으면 자주 타인의 마음을 상하게 하고 사소한 일로도 공격적인 태도를 보여 타인을 피곤하게 만든다. 기질적인 면도 있지만, 대개는 유아기 때부터 들어온 부모의 말투와 표현법의 영향을 많이 받는다.

　말씨는 곧 인성이라고 말할 수 있다. 자녀의 인성은 유아기부터 들어온 부모의 말투, 표현법, 내용에 따라 결정된다. 부모가 거친 표현을 일상적으로 사용하면 아이가 그대로 거친 말투를 쓰고 공격적인 성격을 나타낸다. 반면, 부모가 순화된 표현을 쓰면 자식은 예의 바른 말투와 태도를 그대로 따른다. 예외적으로 기질이 유난스러운 경우도 있겠지만, 보통 말과 사고는 밀접한 관계가 있다. 미국 MIT의 놈 촘스키(Noam Chomsky) 이후 언어학자들과, 독일의 발달심리학자인 로베르타 미치니크 골린코프(Roberta Michinick Golinkoff), 캐시 허시 파섹(Kathy Hirsh Pasek), 펜실베이니아 주립대 인지과학자 주디스 F. 크롤(Judith F. Kroll) 등을 비롯한 여러 학자들의 연구 결과로도 이 사실이 수차례 증명되었다.

나는 두 아들의 인성교육을 존댓말로 시켰다. 유아기 때부터 어른들에게는 반드시 존댓말을 사용하도록 했다. 굳이 따로 가르칠 필요 없이 두 아들 모두 부모에게 존댓말을 사용했다. 친정도 규율이 엄격한 종갓집이어서 형제 모두 유아기 때부터 존댓말을 사용했다. 우리 형제들은 아이가 어른에게 반말하는 것을 이해하지 못했다. 두 아들이 성장하던 1980년대에는 유난히 자식과 친구처럼 지내야 한다고 믿는 부모들이 많아 보통 아이들이 부모에게 반말을 했다. 그래서인지 존댓말 쓰는 우리 두 아들을 보고 "애들이 어쩌면 그렇게 바른 존댓말을 사용하죠?"라고 묻는 사람들이 많았다. 나는 "아이가 말을 배울 시기에 부모가 먼저 아이에게 존댓말을 하면 따로 가르칠 필요 없이 아이들이 따라 해요"라고 대답하곤 했다. 자식이 아기 때부터 부모에게 존댓말을 하도록 가르치면 공손한 태도와 바른 행동이 저절로 따라온다. 존댓말에는 존경의 의미가 들어 있어 굳이 따로 가르치지 않아도 존경을 보이는 태도가 형성되는 것이다.

맨 앞에 소개한 엄마와 아들의 대화를 아들의 존댓말로 대체해보자.

"또 게임방에 가려고? 방학 때 푼다고 사둔 문제집은 언제 풀래?"

"알아서 할게요."

"알아서 언제 할 거냐고 글쎄?"

"걱정하지 마세요. 잊지 않고 문제집 다 풀게요."

"그렇게 게임방에만 드나들 거면 아예 집에 들어오지 말든가."

"알았어요, 일찍 들어올게요."

요즘 갑자기 자녀의 인성교육이 주요 화두로 떠올랐다. 정부는 방과 후 수업에서 인성교육을 실시하겠다고 한다. 그 여파로 인성교육이라는 타이틀을 단 학원이나 교재가 많이 눈에 띈다. 엄마들은 자식의 인성까지 학원에 보내 가르쳐야 하나 고민한다. 지금까지 대부분의 엄마들은 자식이 공부만 잘하면 막말을 하거나 이기적으로 굴어 남의 눈총을 사더라도 다 용서했다. 그러나 인성이 중요시되자 성적과 스펙을 잘 갖추고도 인성 때문에 좋은 직장을 구하기 어려워질 거라고 걱정하는 눈치다. 그동안 무한경쟁 시대라 하여 많은 부모가 자녀를 경쟁의 벼랑 끝으로 몰았다. 그렇다보니 공부 좀 하는 애들 중에도 성적이 내려갔다고 베란다에서 뛰어내려 죽고, 학생이 선생님을 때리는가 하면, 경쟁자를 잔인하게 폭행하거나 왕따시키고도 죄책감을 느끼지 않는 등 비인간적인 면모를 보이는 일들이 자주 일어났다. 그러나 인성은 학원이나 학교에서 가르치기 어렵다. 아이가 나고 자라면서 매일 부모에게 들은 말, 부모의 태도를 보고 배운 행동이 인성의 기본 틀을 만들기 때문이다. 어떤 물건도 기본 틀이 잘못되어 있으면 훌륭한 결과물을 얻지 못하듯, 사람도 기본 틀이 잘못 형성되면 좋은 인성을 갖추기 어렵다.

우리나라는 한국 전쟁으로 완전히 폐허가 되었지만 후발 주자들이 부러워할 만큼 잘사는 나라가 되었다. 어머니들의 철저한 인성교육 덕분이라고 말해도 과언이 아닐 것이다. 당시 어머니들은 자식에게 아무리 가난해도 남의 물건은 훔치지 말 것, 공짜로 밥 얻어먹지 말 것, 은혜를 입으면 두 배로 갚을 것, 남 해코지하지 말 것, 감정이 치솟아도 폭력은 절대 금물이니 말로 해결할 것 등 인간다운 태도를 엄격하게 가르쳤다. 무엇보다 어머니들이 솔선수범했다. 그것이 우리나라의 미덕이었다. 그런 미덕으로 서로 도와 나라 전체가 일어설 수 있었다. 그러나 잘살게 되자 어른 아이 할 것 없이 경쟁만 중요시하게 되었다. 부모도 자식이 경쟁에서 이기면 무슨 짓을 하든 용서했다. 그런 어른들의 태도가 아이들이 공격적이고 이기적인 사고방식을 형성하는 데 크게 기여했다. 그런 이기심들이 모여 메마른 사회를 만들고 청소년 문제를 키운 것 아닌가 반성할 시점인 것 같다. 갑자기 나서서 인성교육을 강조하는 것을 보면 말이다.

존댓말 사용에서부터 인성교육을 시작해보자. 엄마가 자녀에게 존댓말을 가르치고 자녀가 아무리 속상하게 해도 엄마가 먼저 순화된 표현으로 자녀를 훈육하는 인내심을 발휘해야 한다. 자녀가 성장해 존댓말을 가르치기 어려우면, 자녀가 잘못했을 때 엄마가 먼저 순화된 표현이나 존댓말로 훈육한다. 만약 엄마가 존댓말로 훈육하면, 자녀가 놀라서 쉽게 따라 하는 반전 효과도 기대할 수 있다.

10

참지 말고
정중하게 말하기

"오늘 학교에서 재미있는 일 있었어?"

"몰라."

"선생님 질문에 대답 좀 했어?"

"몰라."

"학원에 뭐 입고 갈래?"

"몰라."

"너는 몰라밖에 할 말이 없어? 왜 뭐든지 모른대."

"몰라."

요즘 엄마가 물으면 무조건 모른다고 대답하는 자녀 때문에 심리검사라도 해봐야 할지 고민이라는 엄마들을 종종 본다. 그리고 많은 엄마들이 자녀가 좀 크니 자신과 대화하기를 피한다고 말한다. 그러나 자녀들에게 물으면 "우리 엄마는 제가 엄마 말을 안 듣는다고 하시면서 엄마도 제 말을 절대 안 들으세요"라고 말한다. 어린 자녀가 엄마 말에 "몰라"라고만 대답하는 이유가 여기에 있는 것은 아닐까? 엄마에게 말해봤자 들어주지 않을 거라는 불신이 생기면 자세히 말하기 싫을 것이다. 자녀의 요구를 무조건 들어주라는 말이 아니다. 자녀의 의견을 충분히 듣고 거절할 일이면 자녀가 거절 이유를 이해할 수 있도록 설득하라는 것이다.

"이 목도리 하고 가, 추워."

"안 추워, 괜찮아."

"그러다 감기 걸리면 어쩌려고?"

"감기 안 걸린다니까?"

"정말로 너는 엄마 말을 안 듣는구나. 엄마가 너 위해서 일부러 산 건데⋯⋯."

엄마는 자기가 권하는 목도리를 하지 않겠다는 아이가 야속하다. 그러나 아이는 싫다는 자기 의견을 받아들이지 않는 엄마가 답답하다. 이런 일이 반복되면 자녀가 나이를 먹을수록 부모와 대화하기를 불편해한다.

대화의 본질은 '내 생각만 퍼붓는 것이 아니라, 상대방의 솔직한 생각을 끄집어내 서로 다른 생각을 조율하고 합의점을 찾는 과정'이다. 자녀와 대화를 잘하고 싶으면 자녀가 자기 생각을 숨김없이 솔직하게 말할 수 있는 분위기를 만들어주어야 한다. 자녀의 말이 엄마의 생각과 달라도 화내지 말고 계속 말하도록 편안한 표정으로 들어주어야 한다. 안타깝게도 우리는 오랫동안 어른과 다른 의견을 말하면 "어린것이 뭘 안다고?", "쓸데없는 소리 그만 하고 공부나 해", "어른들 일에 나서지 마" 등의 협박을 받아왔다. 장유유서 전통이 강해 아랫사람은 윗사람 말에 무조건 고분고분 따라야 한다고 배웠고, 어른의 말에 대꾸하면 '버르장머리 없다'는 소리를 들었다.

이런 교육을 받고 자라 부모가 된 사람들은 자기도 모르게 아랫사람의 반대 의견을 수용하기 힘들 것이다. 그래서 자식이 자유롭게 말하면 은연중에 막아버린다. 요즘은 SNS 등 소셜네트워크가 일상생활화되었다. 소통의 시대인 것이다. 엄마들도 그런 시대의 변화를 안다. 머리로는 자식의 말을 편견 없이 들어주어야 한다고 생각한다. 그러나 이성보다 감정이 앞서 자녀가 반대 의견을 펴면 자기도 모르게 "그걸 말이라고 하니?", "시끄러워. 뭐든지 제멋대로 하려고 하니?" 등의 말로 협박하는 경우가 많은 것 같다. 엄마가 그렇게 말하면 어린 자식은 마음의 문을 완전히 닫고, 다시는 엄마와 깊이 있는 대화를 하지 않겠다고 마음먹는다.

많은 아이가 엄마의 질문에 무조건 "몰라요"라고 대답하는 이유를 잘

추적해보면, 언젠가 엄마가 자기 말을 귀담아 듣지 않을 거라는 생각을 하게 만든 사건이 있을 것이다. 그 사건 하나로도 자녀는 엄마가 내 말을 듣기 싫어한다는 고정불변의 편견을 가질 수 있다.

요즘엔 엄마들도 소통의 중요성을 느껴 자식과 소통을 잘해보려고 많은 노력을 한다. 그 결과 자식이 초등학교 저학년 때까지는 소통이 잘되는 가정이 꽤 많다. 그러나 아이가 초등학교 고학년 정도 되면 자기주장이 강해져 자녀의 의견이 옳다는 것을 알면서도 엄마 말에 반대하면 자존심 때문에 막아버린다. 부모 세대는 윗사람에게 고분고분해야 미덕이라고 배웠다. 그러나 요즘 아이들은 SNS 등 소셜네트워크를 사용해 넓고 다양한 범위 안에서 소통한다. 타인의 사고방식과 사는 방법, 부모가 자식을 대하는 방법 등 수많은 정보가 떠돈다. 굳이 수집하려 들지 않아도 저절로 입수된다. 따라서 요즘 아이들은 엄마의 말이 무조건 옳다고 받아들이지 못한다.

아이들의 순종하는 태도가 사라졌다고 걱정하는 이들이 많은데, 더 이상 아이들의 순종을 바랄 수 없는 세상임을 인정해야 한다. 엄마가 자기와 의견이 다른 자식의 의견도 경청하는 어른스러운 모습을 보여주어야 자식의 존경을 받을 수 있다. 부모를 존경할 수 없는 아이는 부모의 뜻대로 자라기 어렵다. 어린 시절부터 반대 의견을 정중하게 말하는 습관을 길러주면 자녀가 성공하는 바탕이 형성될 수 있다. 많은 직장인이 윗사람에게 고분고분하면서 일만 잘하면 직장생활을 무난히 해나갈 것으로 믿는다. 그러나 '자기 의견 없는 직원'은 종종 무능한 직원의 대명사가 된다. 잘나가는 직장인은 상대방의 마음을 상하지 않게 하면서 자기 의견을 말할 줄 아는 능력을 갖춘 사람이다. 반대 의견도 얼마든지 정중하게 말할 수 있다. "정말 좋은 의견이십니다. 그런데 이 점을 보충하면 어떨까요?"라고 말한 후 자기 의견을 말하는 등 상사와 반대되는 의견도 요령껏 개진해서 아이디어 많은 사람이라는 이미지를 심어줄 수 있다. 어릴 때부터 부모에게 정중하게 자기 의견을 말하는 습관을 익히면 어렵지 않다.

아버지가 우리 형제에게 주신 가장 큰 선물은 반대 의견이 있으면 아버지에게 대들 권리를 주신 것이다. 그 덕분에 우리 형제들은 말하기를 업으로 삼는 교수, 변호사, 커뮤니케이션 전문가가 될 수 있었다. 두 아들 역시 미국 학교로 전학 가서 아직 영어가 익숙하지 않은데도 앞에 나가 발표를 잘해 선생님들과 다른 친구들에게 자신감을 인정받을 수 있었다. 그런 과정을 한 번만 거쳐도 사회생활에 당당하게 임할 수 있다. 따라서 자녀가 반대 의견을 말해도 화내거나 흥분하지 않고 잘 들어주면서 아이와 소통할 수 있는 엄마라면 자녀의 성적, 인성, 미래 성공을 어렵지 않게 이룰 수 있을 것이라고 믿는다.

"굳이 우리 어린 시절까지 공개할 필요 있어?"

내가 부모님의 자녀 교육 이야기가 포함된 책을 쓴다고 하자 동생들은 심하게 반발했다. 그래서 형제들의 아픈 이야기를 공개하는 것이 쉽지 않았다. 그런 것을 감수하면서까지 이 책을 쓴 것은 더 많은 부모에게 양육의 아이디어를 보급하고 싶어서다. 어떤 이야기는 전에 다른 책에서 살짝 공개한 것도 있고 이번에 처음 공개하는 것도 있다. 그러나 전체적으로 내가 두 아들을 키우면서 겪은 육아 노하우를 총정리했다. 누구도 양육을 연습할 수 없는데 나는 연습할 기회를 가졌다는 점에서, 첫 양육에서 겪을 수 있는 시행착오를 수정하고 실행한 결과들을 많은 엄마에게 나눠주고 싶었다.

나는 사회가 살 만한 곳이 되거나 살기 팍팍한 곳이 되는 것, 나라가 융성해지거나 피폐해지는 것 모두 엄마들의 양육 방법에 달려 있다고 생각한다. 자식을 바르고 곧게 자립적으로 양육하는 엄마들이 많으면 개인과 사회, 나라의 경쟁력이 저절로 높아질 것이니 말이다. 갑자기 인성교육이 중요하다고 하면 인성만 가르치고, 성적보다 경험이 중요하다고 하면 여기저기 여행 보내는 식의 양육 방법으로는 자녀를 진정한 성공의 길로 이끌 수 없다. 기초부터 체계적인 설계와 실행이 뒤따라야 부모와 자식 모두가 원하는 행복과 성공을 얻을 수 있는 것이다.

책이란 집필하는 동안에는 저자의 것이지만 출판되고 나면 온전히 독자의 것으로 소유권이 바뀐다. 독자가 책 내용을 어떻게 해석해 어떻게 응용하느냐에 따라 좋은 책이 되기도 하고 그저 그런 책으로 버려지기도 한다. 나는 이 책을 읽은 엄마들이 대화법 하나로 육아 문제를 해결할 수 있다는 점만 깨달아도 큰 보람을 느낄 것이다. 그런 작은 경험이 가로 세로로 엮이면 자녀의 성적, 인성, 행복, 성공 모두 잡을 수 있으며, 자라는 동안 엄마와 자녀가 행복한 관계를 유지하는 데도 도움이 된다는 것을 알게 될 것이기 때문이다.

이 책은 읽고 바로 덮지 말고 천천히 다시 보면서 하나씩 실행에 옮겨보기 바란다. 틀림없이 엄마와 자녀의 관계가 지금보다 나아지고 자녀가 긍정적인 태도를 보이며 성공을 기약할 수 있을 것이다. 우리 작은아들이 국내에서 유명세를 타자 많은 엄마가 부럽다고 말했다. 그러나 누구나 책 내용을 조금씩 실천에 옮기면 우리 아들 못지않은 훌륭한 자녀로 키울 수 있을 것이다. 꼭 유명하지 않아도 행복하고 본인이 원하는 진로를 선택해 성공적인 삶을 사는 자녀로 키울 수 있을 것이다. 자녀 양육에 고생이 많은 모든 엄마들의 행운을 빈다.

2016년 5월 역삼동에서

이정숙